普通高等教育“十三五”规划教材
广东省精品资源共享课配套教材
应用型本科院校规划教材

高等数学教材配套练习册

（上册）

主　编　高　洁　郭夕敬
副主编　肖亿军　宋　靓

科学出版社
北　京

内 容 简 介

本书是《高等数学（上册）》（主编高洁，科学出版社）的配套练习册，全书分两部分，第一部分为“内容篇”，依照主教材的章节顺序依次编排，按章编写，每章又分“本章教学要求及重点难点”和“内容提要”两个模块，对每章内容进行了系统的归纳与总结，便于读者学习. 第二部分为“测试篇”，共有六套单元自测题，分别对应每一章内容，另有三套综合训练题，方便读者进行自我测试.

图书在版编目(CIP)数据

高等数学: 含练习册. 上册/高洁, 郭夕敬主编. —北京: 科学出版社, 2018.8

普通高等教育“十三五”规划教材·广东省精品资源共享课配套教材·应用型本科院校规划教材

ISBN 978-7-03-057993-5

I. ①高… II. ①高… ②郭… III. ①高等数学-高等学校-教材 IV. ①O13

中国版本图书馆 CIP 数据核字(2018)第 130349 号

责任编辑: 昌 盛 梁 清 孙翠勤 / 责任校对: 彭珍珍

责任印制: 师艳茹 / 封面设计: 迷底书装

科学出版社 出版

北京东黄城根北街 16 号

邮政编码: 100717

http: //www.sciencep.com

石家庄继文印刷有限公司 印刷

科学出版社发行 各地新华书店经销

*

2018 年 8 月第 一 版 开本: 720 × 1000 1/16

2019 年 8 月第二次印刷 印张: 23

字数: 464 000

定价: 52.00 元(含练习册)

(如有印装质量问题, 我社负责调换)

目　录

内 容 篇

测 试 篇

内 容 篇

第1章　极限与函数的连续性

一、本章教学要求及重点难点

本章教学要求：

(1)理解函数的概念，掌握函数的表示方法，并会建立简单应用问题中的函数关系式.

(2)理解函数的奇偶性、单调性、周期性和有界性.

(3)理解复合函数及分段函数的概念，了解反函数的概念.

(4)掌握基本初等函数的性质及其图形，了解初等函数的概念.

(5)理解数列极限与函数极限的概念，理解函数左极限与右极限的概念，以及极限存在与左、右极限之间的关系，理解收敛数列的性质和函数极限的性质.

(6)理解无穷小、无穷大的概念及它们的关系.

(7)掌握极限的四则运算法则、无穷小与无穷大的运算法则及复合函数的极限运算法则.

(8)了解极限存在的两个准则，会利用它们求极限，熟练掌握两个重要极限.

(9)掌握无穷小的比较方法，会用等价无穷小求极限.

(10)理解函数连续性的概念(含左连续与右连续)，会判别函数间断点的类型.

(11)了解初等函数的连续性，会利用函数的连续性求极限.

(12)理解闭区间上连续函数的性质，掌握这些性质的应用.

本章重点难点：

(1)理解数列极限与函数极限的概念.

(2)掌握极限的各种运算法则，并会利用它们计算极限.

(3)会用极限存在的两个准则求极限，熟练掌握两个重要极限.

(4)掌握无穷小的比较方法，会用等价无穷小求极限.

(5)理解函数连续性的概念，会判别函数间断点的类型.

(6)掌握闭区间上连续函数性质的应用.

二、内容提要

本章主要介绍函数、极限与函数的连续性等基本概念以及它们的一些性质.

1. 邻域

设δ是一正数，则称开区间$(a-\delta,a+\delta)$为点a的δ邻域，其中点a称为邻域

的中心，δ 称为邻域的半径. 称点集 $\{x \mid 0<|x-a|<\delta\}$ 为点 a 的去心 δ 邻域.

2. 函数

(1) 定义: 设 D 是一个非空数集. 如果存在一个对应法则 f，使得对于每一个数 $x \in D$，按照对应法则 f 有唯一的数值 $y \in \mathbf{R}$ 与之对应，则称 y 是 x 的函数，记作 $y=f(x)$，$x \in D$，其中 x 称为自变量，y 称为因变量，D 称为函数 $y=f(x)$ 的**定义域**.

(2) 函数的两要素: 函数定义域 D 及函数关系 $y=f(x)$. 如果两个函数的定义域相同，函数关系也相同，那么这两个函数就是相同的，否则就是不同的函数.

3. 函数的基本性质

(1) 有界性: 设函数 $y=f(x),\ x \in D$. 如果存在正数 M，使得 $\forall x \in D$，都有 $|f(x)| \leqslant M$，则称函数 $f(x)$ 在 D 上有界，否则称函数 $f(x)$ 在 D 上无界.

(2) 单调性: 设函数 $f(x)$，$x \in D$，区间 $I \subset D$. 如果 $\forall x_1$，$x_2 \in I$，当 $x_1<x_2$ 时，总有 $f(x_1)<f(x_2)$ (或 $f(x_1)>f(x_2)$)，则称函数 $f(x)$ 在区间 I 上是单调增加 (或单调减少) 的，I 称为单调区间.

(3) 奇偶性: 设函数 $f(x),\ x \in D$，D 关于原点对称. 如果 $\forall x \in D$，都有 $f(-x)=f(x)$ (或 $f(-x)=-f(x)$)，则称 $f(x)$ 为偶函数 (或奇函数). 偶函数的图形关于 y 轴是对称的，奇函数的图形关于原点是对称的.

(4) 周期性: 设函数 $y=f(x), x \in D$，如果 $\exists T>0$，使得 $\forall x \in D$，都有 $x+T \in D$，并且 $f(x+T)=f(x)$，则称函数 $f(x)$ 是周期函数，并称使 $f(x+T)=f(x)$ 成立的最小正数 T (若存在) 为 $f(x)$ 的周期. 周期函数的图形在每个长度为 T 的区间上形状是相同的.

4. 复合函数与反函数

(1) 复合函数: 设 y 是 u 的函数，$y=f(u)$，而 u 是 x 的函数，$u=\varphi(x)$. 如果当 x 在某数集上取值时，相应的 $u=\varphi(x)$ 可使 $y=f(u)$ 有定义，那么就得到一个以 x 为自变量，经过变量 u，而以 y 为因变量的函数. 称之为由函数 $y=f(u)$ 和 $u=\varphi(x)$ 构成的复合函数，记为 $y=f(\varphi(x))$，其中 u 称为**中间变量**.

(2) 反函数: 设有函数 $y=f(x)$，定义域为 D，值域为 W. 如果在 $y=f(x)$ 中 x 与 y 是一一对应的，那么 $\forall y \in W$，就有唯一的 $x \in D$ 使得 $f(x)=y$. 这样就得到一个以 y 为自变量，x 为因变量的函数，称为 $y=f(x)$ 的**反函数**，记作 $x=f^{-1}(y)$.

习惯上，用 x 表示自变量，y 表示因变量，而把 $x=f^{-1}(y)$ 中的 x 与 y 位置互换，将 $y=f(x)$ 的反函数写成 $y=f^{-1}(x)$.

5. 基本初等函数与初等函数

基本初等函数包括以下六类函数，要求掌握这些函数的定义域、图形和基本性质.

(1) 常函数: $y=C$;

(2) 幂函数: $y=x^{\mu}(\mu\in\mathbf{R})$;

(3) 指数函数: $y=a^{x}$ ($a>0$ 且 $a\neq1$);

(4) 对数函数: $y=\log_a x$ ($a>0$ 且 $a\neq1$, 特别当 $a=\mathrm{e}$ 时, 记为 $y=\ln x$);

(5) 三角函数: $y=\sin x$, $y=\cos x$, $y=\tan x$, $y=\cot x$, $y=\sec x$, $y=\csc x$;

(6) 反三角函数: $y=\arcsin x$, $y=\arccos x$, $y=\arctan x$, $y=\operatorname{arccot} x$.

初等函数: 由基本初等函数经过有限次的四则运算和有限次的函数复合步骤所构成并可用一个式子表示的函数, 称为初等函数.

6. 数列极限

(1) 数列极限定义

通俗定义 对于数列 $\{x_n\}$, 如果当 n 无限增大时, 数列的一般项 x_n 无限地接近于某一确定的数值 A, 则称常数 A 是数列 $\{x_n\}$ 的极限, 或称数列 $\{x_n\}$ 收敛于 A. 记为 $\lim\limits_{n\to\infty}x_n=A$.

精确定义 对于任意给定的正数 ε(不论它多么小), 总存在正整数 N, 使得对于 $n>N$ 时的一切 x_n, 不等式 $|x_n-A|<\varepsilon$ 都成立, 则称常数 A 是数列 $\{x_n\}$ 的极限, 或者称数列 $\{x_n\}$ 收敛于 A, 记为 $\lim\limits_{n\to\infty}x_n=A$ 或 $x_n\to A(n\to\infty)$, 否则称数列 $\{x_n\}$ 发散或极限不存在.

(2) 收敛数列的性质

性质 1 (有界性) 收敛数列必有界.

性质 2 (保号性) 如果 $\lim\limits_{n\to\infty}x_n=A$ 且 $A>0$ (或 $A<0$), 那么存在正整数 N, 当 $n>N$ 时, 都有 $x_n>0$ (或 $x_n<0$).

推论 设 $\lim\limits_{n\to\infty}x_n=A$, 且存在正整数 N, 当 $n>N$ 时, $x_n\geqslant0$ (或 $x_n\leqslant0$), 那么 $A\geqslant0$ (或 $A\leqslant0$).

7. 函数极限

(1) 函数的自变量有几种不同的变化趋势

x 无限接近 x_0: $x\to x_0$,

x 从 x_0 的左侧(即小于 x_0)无限接近 x_0: $x\to x_0^-$,

x 从 x_0 的右侧(即大于 x_0)无限接近 x_0: $x\to x_0^+$,

x 的绝对值 $|x|$ 无限增大: $x\to\infty$,

x小于零且绝对值$|x|$无限增大: $x \to -\infty$,

x大于零且绝对值$|x|$无限增大: $x \to +\infty$.

(2) $x \to \infty$时$f(x)$的极限

通俗定义　设函数$f(x)$当$|x|$大于某一正数时有定义，如果当$|x|$无限增大时，函数值$f(x)$无限接近于一个固定常数A，就说$x \to \infty$时$f(x)$以A为极限，记作

$$\lim_{x \to \infty} f(x) = A \quad 或 \quad f(x) \to A(x \to \infty).$$

精确定义　设函数$f(x)$当$|x|$大于某一正数时有定义，A为一个常数. 如果对于任意给定的正数ε，总存在正数X，使得当$|x| > X$时，都有

$$|f(x) - A| < \varepsilon,$$

则称A为$f(x)$**当**$x \to \infty$**时的极限**，记作

$$\lim_{x \to \infty} f(x) = A \quad 或 \quad f(x) \to A\,(x \to \infty).$$

两个单侧极限: $\lim\limits_{x \to -\infty} f(x) = A$及$\lim\limits_{x \to +\infty} f(x) = A$.

$$\lim_{x \to \infty} f(x) = A \Leftrightarrow \lim_{x \to -\infty} f(x) = \lim_{x \to +\infty} f(x) = A.$$

(3) $x \to x_0$时$f(x)$的极限

通俗定义　设函数$f(x)$在点x_0的某去心邻域内有定义(在点x_0可以没有定义)，如果当x趋于定点x_0时，函数值$f(x)$无限接近于一个固定常数A，就说A是$f(x)$当x趋于x_0时的极限. 记作

$$\lim_{x \to x_0} f(x) = A \quad 或 \quad f(x) \to A \quad (x \to x_0).$$

精确定义　设函数$f(x)$在点x_0的某去心邻域内有定义(在点x_0可以没有定义)，A为一个常数，如果对于任意给定的正数ε，总存在正数δ，使得当$0 < |x - x_0| < \delta$时，都有

$$|f(x) - A| < \varepsilon,$$

则称A为$f(x)$**当**$x \to x_0$**时的极限**，记作

$$\lim_{x \to x_0} f(x) = A \quad 或 \quad f(x) \to A(x \to x_0).$$

左极限: $\lim\limits_{x \to x_0^-} f(x) = A$，右极限: $\lim\limits_{x \to x_0^+} f(x) = A$.

$$\lim_{x\to x_0} f(x)=A \Leftrightarrow \lim_{x\to x_0^-} f(x)=\lim_{x\to x_0^+} f(x)=A .$$

(4) 函数极限的性质

性质 1（局部有界性）　如果 $\lim\limits_{x\to x_0} f(x)=A$，那么存在 $\delta>0$，当 $0<|x-x_0|<\delta$ 时，$f(x)$ 有界.

性质 2（局部保号性）　如果 $\lim\limits_{x\to x_0} f(x)=A$，且 $A>0$（或 $A<0$），那么存在 $\delta>0$，当 $0<|x-x_0|<\delta$ 时，有 $f(x)>0$（或 $f(x)<0$）.

推论　如果 $\lim\limits_{x\to x_0} f(x)=A$，且存在 $\delta>0$，当 $0<|x-x_0|<\delta$ 时，$f(x)\geqslant 0$（或 $f(x)\leqslant 0$），那么 $A\geqslant 0$（或 $A\leqslant 0$）.

8. 无穷小与无穷大

(1) 无穷小: 如果在某极限过程中 $\lim f(x)=0$，则称 $f(x)$ 为该极限过程中的无穷小.

(2) 无穷小与极限的关系: $\lim f(x)=A \Leftrightarrow f(x)=A+\alpha$，其中 α 是在此极限过程下的无穷小.

(3) 无穷大: 如果当 $x\to x_0$（或 $x\to\infty$）时，对应的函数值的绝对值 $|f(x)|$ 无限增大，就称函数 $f(x)$ 为当 $x\to x_0$（或 $x\to\infty$）时的无穷大，记作

$$\lim_{x\to x_0} f(x)=\infty \quad \left(\text{或} \lim_{x\to\infty} f(x)=\infty\right).$$

注　当 $x\to x_0$（或 $x\to\infty$）时为无穷大的函数 $f(x)$，按通常的意义来说，极限是不存在的.

在上述定义中，将“$|f(x)|$ 无限增大”改为“$f(x)$ 取正值无限增大(或取负值无限减小)”就称函数 $f(x)$ 为当 $x\to x_0$（或 $x\to\infty$）时的正无穷大(或负无穷大)，记作

$$\lim_{\substack{x\to x_0\\(x\to\infty)}} f(x)=+\infty \quad \left(\text{或} \lim_{\substack{x\to x_0\\(x\to\infty)}} f(x)=-\infty\right).$$

(4) 无穷小与无穷大的关系: 在同一个极限过程中，如果 $f(x)$ 是无穷大，则 $\dfrac{1}{f(x)}$ 是无穷小; 反之，如果 $f(x)$ 是无穷小，且 $f(x)\neq 0$，则 $\dfrac{1}{f(x)}$ 是无穷大.

9. 极限的运算法则

(1) 无穷小的运算法则

①有限个无穷小的代数和仍然是无穷小.

②有界函数与无穷小的乘积仍然是无穷小.

推论　①常数与无穷小的乘积是无穷小.

②有限个无穷小的乘积是无穷小.

(2) 极限的四则运算法则

设 $\lim f(x)=A$，$\lim g(x)=B$，则有

① $\lim[f(x)\pm g(x)]=\lim f(x)\pm\lim g(x)=A\pm B$；

② $\lim f(x)g(x)=\lim f(x)\lim g(x)=AB$；

③当 $B\neq 0$ 时，$\lim\dfrac{f(x)}{g(x)}=\dfrac{A}{B}$.

(3) 无穷大的运算法则

①两个同号的无穷大的和仍为同号的无穷大.

②两个无穷大的乘积仍为无穷大.

(4) 复合函数的极限运算法则：设 $\lim\limits_{u\to u_0}f(u)=A$，$\lim\limits_{x\to x_0}\varphi(x)=u_0$，且在点 x_0 某去心邻域内，$\varphi(x)\neq u_0$，则有 $\lim\limits_{x\to x_0}f[\varphi(x)]=A$.

10. 极限存在准则及两个重要极限

准则 1 (夹逼定理)　如果数列 $\{x_n\}$，$\{y_n\}$ 及 $\{z_n\}$ 满足下列条件：

(1) $y_n\leqslant x_n\leqslant z_n$ (n=1, 2, 3, …)，

(2) $\lim\limits_{n\to\infty}y_n=A$，$\lim\limits_{n\to\infty}z_n=A$，

那么数列 $\{x_n\}$ 的极限存在，且 $\lim\limits_{n\to\infty}x_n=A$.

注　函数极限也有类似的夹逼定理.

准则 2 (单调有界原理)　单调有界数列必有极限.

重要极限 I：$\lim\limits_{x\to 0}\dfrac{\sin x}{x}=1$.

重要极限 II：$\lim\limits_{x\to\infty}\left(1+\dfrac{1}{x}\right)^x=\mathrm{e}$，$\lim\limits_{n\to\infty}\left(1+\dfrac{1}{n}\right)^n=\mathrm{e}$.

11. 无穷小的比较

设 $\alpha=\alpha(x),\beta=\beta(x)$ 都是 $x\to x_0$ 时的无穷小(可将 $x\to x_0$ 换为其他极限过程)且 $\alpha(x)\neq 0$.

(1) 如果 $\lim\limits_{x\to x_0}\dfrac{\beta}{\alpha}=0$，则称 $x\to x_0$ 时 β 是比 α 高阶的无穷小，记作 $\beta=o(\alpha)$ ($x\to x_0$)；

(2) 如果 $\lim\limits_{x\to x_0}\dfrac{\beta}{\alpha}=C$ ($C\neq 0$ 是常数)，则称 $x\to x_0$ 时，β 与 α 是同阶无穷小；

(3) 如果 $\lim\limits_{x\to x_0}\dfrac{\beta}{\alpha}=1$，则称 $x\to x_0$ 时 β 与 α 是等价无穷小，记作 $\beta\sim\alpha$ ($x\to x_0$).

12. 等价无穷小关系在求极限问题中的应用

设在某极限过程中 α，β，α'，β' 都是无穷小，$\alpha\sim\alpha'$，$\beta\sim\beta'$，且 $\lim\dfrac{\beta'}{\alpha'}$ 存在，则有 $\lim\dfrac{\beta}{\alpha}=\lim\dfrac{\beta'}{\alpha'}$.

常用的等价无穷小关系：当 $x\to 0$ 时，$\sin x\sim x$，$\tan x\sim x$，$1-\cos x\sim\dfrac{1}{2}x^2$，$\arcsin x\sim x$，$\arctan x\sim x$，$\ln(1+x)\sim x$，$\mathrm{e}^x-1\sim x$，$(1+x)^a-1\sim\alpha x$ ($\alpha\neq 0$).

注　(1) 用任意一个无穷小 $\alpha(x)$ 代替 x 后，上述等价关系仍成立.

(2) 求极限时，只能对分子、分母中各个因子作等价无穷小代换，而不能对加减运算中的各项作等价无穷小代换.

13. 函数连续性

(1) 定义：设函数 $f(x)$ 在点 x_0 的某邻域内有定义，如果 $\lim\limits_{x\to x_0}f(x)=f(x_0)$，则称函数 $f(x)$ 在点 x_0 连续，称 x_0 为 $f(x)$ 的连续点，否则称 x_0 为 $f(x)$ 的间断点.

左连续：$\lim\limits_{x\to x_0^-}f(x)=f(x_0)$，右连续：$\lim\limits_{x\to x_0^+}f(x)=f(x_0)$.

函数 $f(x)$ 在点 x_0 连续 $\Leftrightarrow$ $f(x)$ 在点 x_0 既左连续又右连续.

(2) 间断点的成因：如果 $f(x)$ 有下列三种情况之一，则称 x_0 为 $f(x)$ 的间断点，

① $f(x)$ 在 x_0 处无定义;

② $f(x)$ 在 x_0 处有定义，但 $\lim\limits_{x\to x_0}f(x)$ 不存在;

③ $f(x)$ 在 x_0 处有定义，且 $\lim\limits_{x\to x_0}f(x)$ 存在，但是 $\lim\limits_{x\to x_0}f(x)\neq f(x_0)$.

(3) 函数间断点的分类

①如果 x_0 是函数 $f(x)$ 的间断点，但 $\lim\limits_{x\to x_0^-}f(x)$ 及 $\lim\limits_{x\to x_0^+}f(x)$ 都存在，则称 x_0 为函数 $f(x)$ 的第一类间断点.

②如果 $\lim\limits_{x\to x_0^-}f(x)$ 及 $\lim\limits_{x\to x_0^+}f(x)$ 中至少有一个不存在，则称 x_0 为函数 $f(x)$ 的第二类间断点.

(4) 初等函数的连续性：一切初等函数在其定义区间(即包含在定义域内的区间)内连续.

(5) 闭区间上连续函数的性质

①最值定理：如果函数 $f(x)$ 在闭区间 $[a,b]$ 上连续，那么 $f(x)$ 在 $[a,b]$ 上必有最大值和最小值，即 $\exists x_1$，$x_2\in[a,b]$，使得 $\forall x\in[a,b]$，都有 $f(x_1)\leqslant f(x)\leqslant f(x_2)$.

②有界性定理: 如果函数 $f(x)$ 在闭区间 $[a,b]$ 上连续, 那么 $f(x)$ 在 $[a, b]$ 上有界.

③介值定理: 如果函数 $f(x)$ 在闭区间 $[a,b]$ 上连续, 且 $f(a) \neq f(b)$, 那么对于 $f(a)$ 和 $f(b)$ 之间的任何一个数 c, 至少存在一个点 $\xi \in (a,b)$ 使得 $f(\xi) = c$.

④零点定理: 如果函数 $f(x)$ 在闭区间 $[a,b]$ 上连续, 且 $f(a)$ 与 $f(b)$ 异号, 那么至少存在一点 $\xi \in (a,b)$, 使得 $f(\xi) = 0$.

第 2 章　导数与微分

一、本章教学要求及重点难点

本章教学要求:

(1) 理解导数的概念和导数的几何意义，会求平面曲线的切线方程和法线方程，理解函数的可导性与连续性之间的关系.

(2) 熟练掌握基本初等函数的导数公式，熟练掌握导数的四则运算法则和复合函数的求导法则，掌握反函数求导法则.

(3) 理解高阶导数的概念，会求某些简单函数的 n 阶导数.

(4) 掌握隐函数求导法、对数求导法及由参数方程所确定函数的导数求法，会求分段函数的导数.

(5) 理解微分的概念，理解函数可导与可微的关系，了解微分的四则运算法则和一阶微分形式的不变性，会求函数的微分，了解微分在近似计算中的应用.

本章重点难点:

(1) 理解导数的概念和导数的几何意义，理解函数的可导性与连续性之间的关系.

(2) 熟练掌握复合函数的求导法则，掌握反函数求导法则.

(3) 掌握隐函数求导法、对数求导法及由参数方程所确定函数的导数求法，会求分段函数的导数.

(4) 理解微分的概念，理解函数可导与可微的关系，了解一阶微分形式的不变性，会求函数的微分.

二、内容提要

1. 导数的概念

(1) 导数定义：设函数 $y = f(x)$ 在点 x_0 的某邻域内有定义，如果极限

$$\lim_{\Delta x\to 0}\frac{\Delta y}{\Delta x}=\lim_{\Delta x\to 0}\frac{f(x_0+\Delta x)-f(x_0)}{\Delta x}$$

存在，则称 $y = f(x)$ 在点 x_0 可导，称极限值为函数 $y = f(x)$ 在点 x_0 处的导数，记为 $f'(x_0)$，也记为 $y'\big|_{x=x_0}$，$\dfrac{\mathrm{d}y}{\mathrm{d}x}\Big|_{x=x_0}$ 或 $\dfrac{\mathrm{d}f(x)}{\mathrm{d}x}\Big|_{x=x_0}$.

导数定义式的等价形式

① $f'(x_0)=\lim\limits_{\Delta x\to 0}\dfrac{f(x_0+\Delta x)-f(x_0)}{\Delta x}=\lim\limits_{h\to 0}\dfrac{f(x_0+h)-f(x_0)}{h}$;

② $f'(x_0)=\lim\limits_{x\to x_0}\dfrac{f(x)-f(x_0)}{x-x_0}$.

(2) 左右导数以及左右导数与导数的关系

① $f(x)$ 在点 x_0 处的左导数

$$f'_-(x_0)=\lim_{\Delta x\to 0^-}\frac{f(x_0+\Delta x)-f(x_0)}{\Delta x}=\lim_{x\to x_0^-}\frac{f(x)-f(x_0)}{x-x_0};$$

② $f(x)$ 在点 x_0 处的右导数

$$f'_+(x_0)=\lim_{\Delta x\to 0^+}\frac{f(x_0+\Delta x)-f(x_0)}{\Delta x}=\lim_{x\to x_0^+}\frac{f(x)-f(x_0)}{x-x_0}.$$

③导数与左右导数的关系

函数 $f(x)$ 在点 x_0 可导 $\Leftrightarrow$ 函数 $f(x)$ 在点 x_0 的左右导数都存在且相等，即

$$f'(x_0)\text{存在}\Leftrightarrow f'_-(x_0)\text{和}f'_+(x_0)\text{都存在且相等}.$$

(3) 导函数的定义

①如果函数 $y=f(x)$ 在开区间 (a,b) 内任意点 x 处的导数 $f'(x)$ 都存在，则称 $y=f(x)$ 在开区间 (a,b) 内可导，称 $f'(x)=\lim\limits_{\Delta x\to 0}\dfrac{f(x+\Delta x)-f(x)}{\Delta x}$ 为 $f(x)$ 在区间 (a,b) 内的导函数，简称导数，也可记作 y'，$\dfrac{dy}{dx}$ 或 $\dfrac{df(x)}{dx}$. 当 $y=f(x)$ 在点 x_0 处可导时，$f'(x_0)=f'(x)\big|_{x=x_0}$.

②如果函数 $y=f(x)$ 在开区间 (a,b) 内可导，且 $f'_+(a)$ 和 $f'_-(b)$ 都存在，则称 $f(x)$ 在闭区间 $[a,b]$ 上可导.

(4) 导数的几何意义

函数 $y=f(x)$ 在点 x_0 的导数 $f'(x_0)$ 在几何上表示曲线 $y=f(x)$ 在点 $M_0(x_0,f(x_0))$ 处的切线斜率. 所以对于曲线 $y=f(x)$ 在点 M_0 处的切线方程为

$$y-f(x_0)=f'(x_0)(x-x_0).$$

过曲线 $y=f(x)$ 上点 M_0，且与切线垂直的直线称为曲线 $y=f(x)$ 在点 M_0 处的**法线**. 当 $f'(x_0)\neq 0$ 时，法线方程为 $y-f(x_0)=-\dfrac{1}{f'(x_0)}(x-x_0)$. 当 $f'(x_0)=0$ 时，法线方程为 $x=x_0$.

(5) 函数的可导性与连续性的关系

①如果函数 $f(x)$ 在点 x_0 处可导，那么 $f(x)$ 在点 x_0 处连续.

②如果函数 $f(x)$ 在点 x_0 处不连续，那么 $f(x)$ 在点 x_0 处不可导.

③当函数 $f(x)$ 在点 x_0 处连续时, $f(x)$ 在点 x_0 处不一定可导.

2. 基本初等函数的求导公式

(1) $(C)'=0$;

(2) $(x^{\mu})'=\mu x^{\mu-1}(\mu\neq 1)$;

(3) $(a^x)'=a^x\ln a(a>0,a\neq 1)$;

(4) $(\mathrm{e}^x)'=\mathrm{e}^x$;

(5) $(\log_a x)'=\dfrac{1}{x\ln a}(a>0,a\neq 1)$;

(6) $(\ln|x|)'=\dfrac{1}{x}$;

(7) $(\sin x)'=\cos x$;

(8) $(\cos x)'=-\sin x$;

(9) $(\tan x)'=\sec^2 x$;

(10) $(\cot x)'=-\csc^2 x$;

(11) $(\sec x)'=\sec x\tan x$;

(12) $(\csc x)'=-\csc x\cot x$;

(13) $(\arcsin x)'=\dfrac{1}{\sqrt{1-x^2}}$;

(14) $(\arccos x)'=-\dfrac{1}{\sqrt{1-x^2}}$;

(15) $(\arctan x)'=\dfrac{1}{1+x^2}$;

(16) $(\operatorname{arccot} x)'=-\dfrac{1}{1+x^2}$.

3. 求导法则

(1) 四则运算法则: 如果函数 $u=u(x)$, $v=v(x)$ 都可导, 那么

①$[u(x)\pm v(x)]'=u'(x)\pm v'(x)$;

②$[u(x)v(x)]'=u'(x)v(x)+u(x)v'(x)$;

③当 $v(x)\neq 0$ 时, $\left[\dfrac{u(x)}{v(x)}\right]'=\dfrac{u'(x)v(x)-u(x)v'(x)}{v^2(x)}$.

(2) 复合函数求导法则(链式法则): 设函数 $y=f(u)$ 和 $u=\varphi(x)$ 都可导, 则复合函数 $y=f[\varphi(x)]$ 也可导, 并且 $[f(\varphi(x))]'=f'(\varphi(x))\varphi'(x)$, 即 $\dfrac{\mathrm{d}y}{\mathrm{d}x}=\dfrac{\mathrm{d}y}{\mathrm{d}u}\cdot\dfrac{\mathrm{d}u}{\mathrm{d}x}$.

(3) 反函数求导法则: 设函数 $x=f(y)$ 有反函数 $y=f^{-1}(x)$. 若 $x=f(y)$ 对 y 可导并且 $f'(y)\neq 0$, 则反函数 $y=f^{-1}(x)$ 对 x 也可导, 并且 $[f^{-1}(x)]'=\dfrac{1}{f'(y)}$, 即 $\dfrac{\mathrm{d}x}{\mathrm{d}y}=\dfrac{1}{\frac{\mathrm{d}y}{\mathrm{d}x}}$.

(4) 隐函数求导法: 方程 $F(x,y)=0$ 在一定条件下确定了隐函数 $y=y(x)$, 将方程中的 y 看作 x 的函数, 在方程两边同时对 x 求导, 整理后可得 y' 的表达式.

(5) 对数求导法: 形如 $y=u(x)^{v(x)}$ ($u(x)>0$) 的函数称为幂指函数, 对于这类函数, 可先在等式两边取对数, 然后在等式两边同时对 x 求导, 解出所求导数.

(6) 由参数方程所确定的函数的求导法: 设函数 $y=f(x)$ 由参数方程 $\begin{cases}x=x(t),\\ y=y(t)\end{cases}$ 所确定, 其中 $x(t)$, $y(t)$ 可导, 且 $x'(t)\neq 0$, 则 $\dfrac{\mathrm{d}y}{\mathrm{d}x}=\dfrac{\mathrm{d}y}{\mathrm{d}t}\cdot\dfrac{\mathrm{d}t}{\mathrm{d}x}=\dfrac{\mathrm{d}y}{\mathrm{d}t}\cdot\dfrac{1}{\frac{\mathrm{d}x}{\mathrm{d}t}}=\dfrac{y'(t)}{x'(t)}$.

(7) 高阶导数：把函数 $y=f(x)$ 的导数 $f'(x)$ 称为一阶导数．把一阶导数的导数称为 $y=f(x)$ 的二阶导数，以此类推，把二阶导数的导数称为三阶导数，…，（$n-1$）阶导数的导数称为 n 阶导数，分别记作 $y',y'',y''',y^{(4)},\cdots,y^{(n)}$，或 $\frac{\mathrm{d}y}{\mathrm{d}x},\frac{\mathrm{d}^2y}{\mathrm{d}x^2},\cdots,\frac{\mathrm{d}^ny}{\mathrm{d}x^n}$．

4. 函数的微分

(1) 定义：设函数 $y=f(x)$ 在点 x 的某邻域内有定义，当自变量取得增量 Δx 时，如果函数的增量 $\Delta y=f(x+\Delta x)-f(x)$ 可以表示成

$$\Delta y=A\Delta x+o(\Delta x)\quad(\Delta x\to 0),$$

其中 A 与 Δx 无关，则称函数 $y=f(x)$ 在点 x 处**可微**，称 $A\Delta x$ 为函数 $y=f(x)$ 在点 x（相应于自变量增量 Δx）的微分，记作 $\mathrm{d}y$，即 $\mathrm{d}y=A\Delta x$．

(2) 可微与可导的关系

函数 $y=f(x)$ 在点 x 处可微 $\Leftrightarrow$ $y=f(x)$ 在点 x 处可导．

从而得微分公式：$\mathrm{d}y=f'(x)\mathrm{d}x$（这里 $\mathrm{d}x=\Delta x$）．求函数的微分并不需要新的方法，只要先求出函数的导数，再乘以自变量的微分，就得到函数的微分．

(3) 微分的几何意义：设点 $M(x_0,y_0)$ 和 $N(x_0+\Delta x,y_0+\Delta y)$ 是曲线 $y=f(x)$ 上的两点，当 $y=f(x)$ 在点 x_0 处可微时，Δy 是曲线 $y=f(x)$ 上两点的纵坐标的增量，$\mathrm{d}y\big|_{x=x_0}$ 是曲线的切线上相应点的纵坐标的增量．当 $|\Delta x|$ 很小时，$|\Delta y-\mathrm{d}y|$ 比 $|\Delta x|$ 小得多．在点 M 的附近，可以用切线近似代替曲线．

(4) 一阶微分形式不变性：设函数 $y=f(u),u=\varphi(x)$ 可微，则复合函数 $y=f[\varphi(x)]$ 可微，并且 $\mathrm{d}y=f'(u)\mathrm{d}u$．这里 u 无论是中间变量还是自变量，总有 $\mathrm{d}y=f'(u)\mathrm{d}u$ 的微分形式保持不变．

(5) 微分在近似计算中的应用：设函数 $y=f(x)$ 在点 x_0 可微，则有

$$\Delta y=f(x_0+\Delta x)-f(x_0)=f'(x_0)\Delta x+o(\Delta x).$$

当 $|\Delta x|$ 很小时，有近似计算公式

$$\Delta y\approx f'(x_0)\Delta x, \tag{1}$$

或

$$f(x_0+\Delta x)\approx f(x_0)+f'(x_0)\Delta x. \tag{2}$$

若记 $x=x_0+\Delta x$，则 $\Delta x=x-x_0$，当 $|x-x_0|$ 很小时，上式即为

$$f(x)\approx f(x_0)+f'(x_0)(x-x_0). \tag{3}$$

第3章　微分中值定理与导数的应用

一、本章教学要求及重点难点

本章教学要求：

(1)理解罗尔定理、拉格朗日中值定理，掌握这两个定理的应用；了解柯西中值定理及其应用；

(2)熟练掌握洛必达法则及运用该法则求未定式极限的方法；

(3)了解泰勒公式及其应用；

(4)熟练掌握用导数判断函数单调性的方法；理解函数极值的概念，熟练掌握求函数极值的方法；掌握简单的求最值问题的方法；掌握函数图形凹凸性的判别法及拐点的求法；

(5)会求水平渐近线、垂直渐近线和斜渐近线，会描绘函数的图形；了解微分学在经济学中的应用.

本章重点难点：

(1)罗尔定理、拉格朗日中值定理及柯西中值定理的应用；

(2)用洛必达法则求$\frac{0}{0}$型与$\frac{\infty}{\infty}$型及其以外的其他类型未定式极限；

(3)利用导数判断函数单调性，求函数极值；函数图形凹凸性的判别法及拐点的求法.

二、内容提要

1. 微分中值定理

(1)罗尔定理

如果函数$f(x)$满足：①在闭区间$[a,b]$上连续；②在开区间(a,b)内可导；③$f(a)=f(b)$. 则至少存在一点$\xi\in(a,b)$，使得$f'(\xi)=0$.

(2)拉格朗日中值定理

如果函数$f(x)$满足：①在闭区间$[a,b]$上连续；②在开区间(a,b)内可导. 则至少存在一点$\xi\in(a,b)$，使得

$$f'(\xi)=\frac{f(b)-f(a)}{b-a}\quad（也可写成 f(b)-f(a)=f'(\xi)(b-a)）.$$

有限增量公式：$\Delta y=f(x+\Delta x)-f(x)=f'(x+\theta\Delta x)\Delta x$（$0<\theta<1$）.

推论 1　如果函数 $f(x)$ 在 $[a,b]$ 上连续, 在 (a,b) 内可导, 且 $f'(x)=0$, 那么 $f(x)$ 在 $[a,b]$ 上是一个常数.

推论2　如果函数 $f(x)$, $g(x)$ 都在 $[a,b]$ 上连续, 在 (a,b) 内可导, 且 $f'(x)=g'(x)$, 那么在 $[a,b]$ 上, $f(x)=g(x)+C$ (C 为常数).

(3) 柯西中值定理

如果函数 $f(x)$ 和 $g(x)$ 满足: ①在闭区间 $[a,b]$ 上连续; ②在开区间 (a,b) 内可导, 且 $g'(x)\neq 0$. 则至少存在一点 $\xi\in(a,b)$, 使得 $\dfrac{f(b)-f(a)}{g(b)-g(a)}=\dfrac{f'(\xi)}{g'(\xi)}$.

2. 洛必达法则

(1) 未定式: 当 $x\to x_0$ (或 $x\to\infty$)时, $f(x)$ 和 $g(x)$ 都是无穷小或都是无穷大, $\lim\limits_{x\to x_0}\dfrac{f(x)}{g(x)}\left(\text{或}\lim\limits_{x\to\infty}\dfrac{f(x)}{g(x)}\right)$ 可能存在, 也可能不存在, 称此极限为**未定式**, 分别记为 $\dfrac{0}{0}$ 型或 $\dfrac{\infty}{\infty}$ 型.

(2) $\dfrac{0}{0}$ 型与 $\dfrac{\infty}{\infty}$ 型未定式:

常用方法是如下的洛必达法则:

设函数 $f(x)$ 和 $g(x)$ 在点 x_0 的某去心邻域内有定义(在点 x_0 处可能无定义), 且满足

① $\lim\limits_{x\to x_0}f(x)=\lim\limits_{x\to x_0}g(x)=0$ (或 $\lim\limits_{x\to x_0}f(x)=\lim\limits_{x\to x_0}g(x)=\infty$);

②在该去心邻域内 $f(x)$ 和 $g(x)$ 都可导, 且 $g'(x)\neq 0$;

③ $\lim\limits_{x\to x_0}\dfrac{f'(x)}{g'(x)}$ 存在(或为无穷大).

则

$$\lim_{x\to x_0}\frac{f(x)}{g(x)}=\lim_{x\to x_0}\frac{f'(x)}{g'(x)}.$$

注　将 $x\to x_0$ 改为 $x\to\infty$, 洛必达法则仍成立.

(3) 其他未定式

① $0\cdot\infty$ 型: 先化为 $\dfrac{0}{0}$ 型或 $\dfrac{\infty}{\infty}$ 型未定式, 再使用洛必达法则.

② $\infty-\infty$ 型: 一般可通过通分化为 $\dfrac{0}{0}$ 型未定式, 再使用洛必达法则.

③ 1^{∞}, 0^0, ∞^0 型: 可通过取对数的方法化为 $0\cdot\infty$ 型, 进而化为 $\dfrac{0}{0}$ 型或 $\dfrac{\infty}{\infty}$ 型

未定式, 再使用洛必达法则.

3. 泰勒公式

①泰勒公式: $f(x)=f(x_0)+f'(x_0)(x-x_0)+\frac{1}{2!}f''(x_0)(x-x_0)^2+\cdots+\frac{1}{n!}f^{(n)}(x_0)$ $(x-x_0)^n+R_n(x)$. $R_n(x)=\frac{f^{(n+1)}(\xi)}{(n+1)!}(x-x_0)^{n+1}$ (ξ 介于 x_0 与 x 之间)称为拉格朗日型余项; 当 $R_n(x)=o\left[(x-x_0)^n\right]$ 时称为佩亚诺型余项.

②麦克劳林公式: $f(x)=f(0)+f'(0)x+\cdots+\frac{f^{(n)}(0)}{n!}x^n+R_n(x)$.

③知道一些常用初等函数的麦克劳林公式, 如 e^x, $\sin x$, $\cos x$, $\ln(1+x)$, $(1+x)^\alpha$.

4. 函数的单调性

(1) 函数单调性的判别

设函数 $f(x)$ 在闭区间 $[a,b]$ 上连续, 在开区间 (a,b) 内可导.

①如果在 (a,b) 内 $f'(x)>0$, 则函数 $f(x)$ 在 $[a,b]$ 上是单调增加的;

②如果在 (a,b) 内 $f'(x)<0$, 则函数 $f(x)$ 在 $[a,b]$ 上是单调减少的.

(2) 函数单调性(单调区间)的讨论: 对于函数 $y=f(x)$, 应先求出使得 $f'(x)=0$ 的点和 $f'(x)$ 不存在的点, 这些点将 $f(x)$ 的定义区间划分成部分区间, 根据 $f'(x)$ 在各部分区间内的符号, 来确定 $f(x)$ 在各部分区间上的单调性.

注 如果函数 $f(x)$ 在某区间上连续, 并且只在个别点处 $f'(x)=0$ 或者 $f'(x)$ 不存在, 而在其余各点均有 $f'(x)>0$ (或 $f'(x)<0$), 则函数 $f(x)$ 在该区间上是单调增加(或单调减少)的.

5. 函数的极值

(1) 函数极值的概念: 设函数 $f(x)$ 在点 x_0 的某邻域内有定义, 如果对该邻域内任何 $x\neq x_0$, 有

$$f(x)<f(x_0)\quad (\text{或 } f(x)>f(x_0)),$$

则称 $f(x_0)$ 是 $f(x)$ 的一个极大值(或极小值), 点 x_0 是 $f(x)$ 的一个极大值点(或极小值点).

(2) 函数取得极值的必要条件: 设函数 $f(x)$ 在点 x_0 处可导, 且 x_0 是 $f(x)$ 的极值点, 则有 $f'(x_0)=0$.

注 使 $f'(x)=0$ 的点, 称为 $f(x)$ 的驻点.

(3) 函数取得极值的充分条件

a) 设函数 $f(x)$ 在点 x_0 处连续并且在点 x_0 的某去心邻域内可导, 如果在该邻域内:

①当 $x<x_0$ 时 $f'(x)>0$，当 $x>x_0$ 时 $f'(x)<0$，则 $f(x_0)$ 是 $f(x)$ 的极大值;

②当 $x<x_0$ 时 $f'(x)<0$，当 $x>x_0$ 时 $f'(x)>0$，则 $f(x_0)$ 是 $f(x)$ 的极小值;

③当 $x<x_0$ 和 $x>x_0$ 时 $f'(x)$ 不变号，则 $f(x_0)$ 不是 $f(x)$ 的极值.

b) 设函数 $f(x)$ 在点 x_0 处有二阶导数，且 $f'(x_0)=0$，$f''(x_0)\neq 0$，那么

①如果 $f''(x_0)>0$，则 $f(x_0)$ 是 $f(x)$ 的极小值;

②如果 $f''(x_0)<0$，则 $f(x_0)$ 是 $f(x)$ 的极大值.

(4) 函数 $f(x)$ 极值的求法

①确定 $f(x)$ 的定义域，求出 $f(x)$ 的所有可能极值点，即驻点和 $f'(x)$ 不存在的点;

②确定 $f'(x)$ 在上述各点两侧的符号，进而确定 $f(x)$ 的极值点;

③计算各极值点的函数值，得到 $f(x)$ 的极值.

6. 函数的最值

(1) 求闭区间 $[a,b]$ 上的连续函数 $f(x)$ 的最值

①求出 $f(x)$ 在 (a,b) 内的所有可能极值点，设为 $x_1,x_2\cdots,x_n$;

②计算函数值 $f(x_1),f(x_2),\cdots,f(x_n)$ 和 $f(a),f(b)$;

③比较②中所有函数值的大小，其中最大者即为 $f(x)$ 在 $[a,b]$ 上的最大值，最小者即为 $f(x)$ 在 $[a,b]$ 上的最小值.

(2) 实际问题求最值：在实际问题中，设 $f(x)$ 在定义区间 I (开区间或闭区间，有限区间或无限区间) 内可导，并且根据问题的性质可以断定 $f(x)$ 一定在区间 I 的内部取得最大值或最小值，而 $f(x)$ 在 I 内只有唯一的驻点 x_0，那么可以断言 $f(x_0)$ 一定是 $f(x)$ 的最大值或最小值，不再需要另行判定.

7. 曲线的凹凸性

(1) 曲线凹凸性的定义：设函数 $f(x)$ 在区间 I 上连续. 如果 $\forall x_1,x_2\in I,x_1\neq x_2$，恒有

$$f\left(\frac{x_1+x_2}{2}\right)<\frac{1}{2}[f(x_1)+f(x_2)]\quad\left(\text{或}f\left(\frac{x_1+x_2}{2}\right)>\frac{1}{2}[f(x_1)+f(x_2)]\right),$$

则称函数 $f(x)$ 在区间 I 上的图形是凹的 (或凸的).

(2) 曲线凹凸性的判别：设函数 $f(x)$ 在区间 $[a,b]$ 上连续，在 (a,b) 内有二阶导数，

①如果在 (a,b) 内 $f''(x)>0$，则 $f(x)$ 在 $[a,b]$ 上的图形是凹的;

②如果在 (a,b) 内 $f''(x)<0$，则 $f(x)$ 在 $[a,b]$ 上的图形是凸的.

(3) 拐点定义：设 $y=f(x)$ 是连续曲线，如果在点 $(x_0,f(x_0))$ 的两侧，曲线的凹凸性相反，则称 $(x_0,f(x_0))$ 是曲线 $y=f(x)$ 的拐点.

(4) 连续曲线 $y=f(x)$ 的凹凸性和拐点的求法:

①确定 $f(x)$ 的定义域，求出所有使得 $f''(x)=0$ 的点和 $f''(x)$ 不存在的点；

②确定 $f''(x)$ 在上述各点两侧的符号；

③判断在上述各点两侧曲线 $y=f(x)$ 的凹凸性，进而确定曲线的拐点.

8. 函数图形的描绘

(1) 曲线的渐近线

①水平渐近线：若 $\lim\limits_{x\to+\infty} f(x)=A$ 或 $\lim\limits_{x\to-\infty} f(x)=A$，则曲线 $y=f(x)$ 有水平渐近线 $y=A$.

②垂直渐近线：若 $\lim\limits_{x\to x_0^+} f(x)=\infty$ 或 $\lim\limits_{x\to x_0^-} f(x)=\infty$，则曲线 $y=f(x)$ 有垂直渐近线 $x=x_0$.

③斜渐近线：若 $\lim\limits_{x\to+\infty} \dfrac{f(x)}{x}=k$，且 $\lim\limits_{x\to+\infty}(f(x)-kx)=b$，则曲线 $y=f(x)$ 有斜渐近线 $y=kx+b$.

(2) 函数图形的描绘

①确定函数 $f(x)$ 的定义域，讨论 $f(x)$ 的奇偶性、周期性等；

②求出 $f(x)$ 的间断点，$f'(x)$，$f''(x)$ 的零点和 $f'(x)$，$f''(x)$ 不存在的点；

③用上述点把 $f(x)$ 的定义域划分成部分区间，确定在部分区间内 $f'(x)$ 和 $f''(x)$ 符号，从而确定函数图形的升降和凹凸、极值点和拐点；

④求出曲线的渐近线；

⑤在 xOy 平面上描出上述各点，必要时再补充曲线上其他一些点，描绘函数的图形.

9. 微分学在经济学中的应用

(1) 边际分析

①边际成本：成本函数 $C(Q)$ 对产量 Q 的变化率 $C'(Q)$ 称为边际成本.

②边际收益：收益函数 $R(Q)$ 对产量 Q 的变化率 $R'(Q)$ 称为边际收益.

③边际利润：利润函数 $L(Q)$ 对产量 Q 的变化率 $L'(Q)$ 称为边际利润.

(2) 弹性分析

①弹性：$\dfrac{Ey}{Ex}=\lim\limits_{\Delta x\to 0}\dfrac{\dfrac{\Delta y}{y}}{\dfrac{\Delta x}{x}}=\dfrac{x}{f(x)}\cdot f'(x)$.

②需求弹性：$\eta(P)=\dfrac{EQ}{EP}=\dfrac{P}{Q}\cdot f'(P)$（$Q$ 为需求量，P 为价格）.

第4章 不定积分

一、本章教学要求及重点难点

本章教学要求：

(1) 理解原函数的概念，掌握不定积分的概念及性质；

(2) 熟练掌握不定积分的基本公式，不定积分的换元积分法与分部积分法；

(3) 会求简单的有理函数的积分，会求某些三角函数有理式的积分和一些简单无理式的积分.

本章重点难点：

(1) 利用换元积分公式计算不定积分；利用分部积分法计算不定积分；

(2) 将有理函数分解为简单分式的代数和；三角函数的半角代换.

二、内容提要

不定积分是微积分学中基本内容之一，是微分运算的逆运算. 本章主要介绍原函数的概念和原函数的存在定理，不定积分的概念和不定积分的线性性质，不定积分的计算. 主要包括以下几个方面的内容：

(1) 原函数的概念(对于一个函数 $f(x)$，区分其原函数与导函数的概念)：

① $F(x)$ 是 $f(x)$ 的原函数，即 $F'(x)=f(x)$.

② $f'(x)$ 是 $f(x)$ 的导函数. 此时，$F''(x)=f'(x)$.

(2) 原函数的存在定理：连续的函数必有原函数.

(3) 原函数之间的关系：设 $\Phi(x)$ 与 $F(x)$ 都是 $f(x)$ 的原函数，则 $\Phi(x)=F(x)+C$，其中 C 为常数.

(4) 不定积分的定义：设 $F(x)$ 是 $f(x)$ 的原函数，即 $F'(x)=f(x)$，则

$$\int f(x)\mathrm{d}x=F(x)+C.$$

(5) 由基本导数公式得出的基本积分公式.

(6) 不定积分的线性性质：

① $\int kf(x)\mathrm{d}x=k\int f(x)\mathrm{d}x$（$k\neq 0$）；

② $\int (f(x)+g(x))\mathrm{d}x=\int f(x)\mathrm{d}x+\int g(x)\mathrm{d}x$.

(7)换元积分公式:

①第一类换元积分法(凑微分法)

$$\int f(\varphi(x))\cdot\varphi'(x)\mathrm{d}x=\int f(\varphi(x))\mathrm{d}\varphi(x)\xlongequal{u=\varphi(x)}\int f(u)\mathrm{d}u$$
$$=F(u)+C=F(\varphi(x))+C.$$

通过基本积分公式和典型例题, 掌握常用的凑微分.

②第二类换元积分法

$$\int f(x)\mathrm{d}x\xlongequal{x=\varphi(t)}\int f(\varphi(t))\cdot\varphi'(t)\mathrm{d}t=F(t)+C=F(\varphi^{-1}(x))+C.$$

第二类换元积分公式主要针对的是被积函数含有根号的不定积分. 利用变量代换将被积函数中的根号去掉. 常用的有以下两种代换:

a)三角代换: 当被积分函数的根号里面是未知量的平方时, 通常用三角代换, 常用的三角代换有三种:

$$\sqrt{a^2-x^2}\to x=a\sin t,$$

$$\sqrt{x^2+a^2}\to x=a\tan t,$$

$$\sqrt{x^2-a^2}\to x=a\sec t.$$

b)当被积函数的根号里面不是未知量的平方时, 通常令整个的根号为新变量 t.

这两种代换只是第二类换元积分公式的简单应用, 还有一些其他类型的变量代换, 需要在实践过程中加以总结. 第二类换元积分公式有时不能直接应用, 需要将被积函数加以变形, 或者先进行凑微分, 再进行变量代换.

③掌握基本积分公式的一些补充公式.

(8)分部积分公式: $\int uv'\mathrm{d}x=uv-\int u'v\mathrm{d}x$. 也可写成

$$\int uv'\mathrm{d}x=\int u\mathrm{d}v \qquad \leftarrow 凑微分$$
$$=uv-\int v\mathrm{d}u=uv-\int u'v\mathrm{d}x.$$

当被积函数是两项乘积时, 先将某一项与 $\mathrm{d}x$ 凑微分, 分成 u 和 v 两部分.

(9)有理函数的积分: 假分式总是能化为一个多项式与一个真分式的和的形式, 而多项式的积分比较简单, 因此, 有理函数的不定积分的关键是将真分式化为一些简单分式的代数和, 讨论简单分式的不定积分即可. 通常真分式可分解为以下四类简单分式的代数和:

① $\frac{A}{x-a}$;

② $\frac{A}{(x-a)^k}$;

③ $\frac{Cx+D}{x^2+px+q}$;

④ $\frac{Cx+D}{(x^2+px+q)^l}$. 其中 k,l 为正整数.

(10) 三角函数有理式的积分: $\int R(\sin x,\cos x)\mathrm{d}x$.

当被积分函数是此类三角函数有理式时, 如果用之前的公式不容易计算, 那么, 可以用半角代换, 将其转化为有理函数的不定积分:

令 $t=\tan\frac{x}{2}$, 则 $\sin x=\frac{2t}{1+t^2}$, $\cos x=\frac{1-t^2}{1+t^2}$, $x=2\arctan t$, $\mathrm{d}x=\frac{2}{1+t^2}\mathrm{d}t$.

(11) 简单无理式的积分: 被积函数含有根式 $\sqrt[n]{ax+b}$. 此类积分可利用变量代换将根式去掉, 将被积分函数化为有理函数去积分. 通常可作变量代换 $t=\sqrt[n]{ax+b}$.

不定积分的定义不是构造性的, 因此, 不定积分的计算方法比较灵活. 通常是几种方法结合起来使用. 但是积分的技巧需要从大量的实际操作中去获得.

第5章　定积分及其应用

一、本章教学要求及重点难点

本章教学要求：

(1) 理解定积分的概念，掌握定积分的性质及积分中值定理.

(2) 理解变上限积分的连续性与可导性，会求它的导数.

(3) 熟练掌握牛顿-莱布尼茨定理.

(4) 熟练掌握定积分的换元积分法和分部积分法，熟练计算定积分.

(5) 了解反常积分的概念，会计算反常积分，了解函数的定义及简单应用.

(6) 能熟练运用微元法的思想计算平面直角坐标系与极坐标系下平面图形的面积、平面曲线的弧长、旋转体的体积，了解定积分在物理学中的应用，会求做功、压力、引力等问题.

本章重点难点：

(1) 会求变上限积分的导数.

(2) 掌握牛顿-莱布尼茨定理.

(3) 掌握定积分的换元积分法和分部积分法，熟练计算定积分.

(4) 掌握反常积分的计算方法.

(5) 会用微元法将平面图形的面积、平面曲线的弧长、旋转体的体积表达为定积分.

二、内容提要

1. 定积分的概念

设 $f(x)$ 是定义在区间 $[a,b]$ 上的有界函数，用分点把 $[a,b]$ 任意分成 n 个小区间 $[x_0,x_1],[x_1,x_2],\cdots,[x_{i-1},x_i],\cdots,[x_{n-1},x_n]$，小区间 $[x_{i-1},x_i]$ 的长度记为 $\Delta x_i = x_i - x_{i-1}$. 在每个小区间 $[x_{i-1},x_i]$ 上任取一点 ξ_i，作乘积 $f(\xi_i)\Delta x_i (i=1,2,\cdots,n)$ 并作和 $\sum\limits_{i=1}^{n} f(\xi_i)\Delta x_i$. 记 $\lambda = \max\{\Delta x_1, \Delta x_2, \cdots, \Delta x_n\}$，如果不论对 $[a,b]$ 怎样分割，也不论在小区间 $[x_{i-1},x_i]$ 上如何取点 ξ_i，只要当 $\lambda \to 0$ 时，和式 $\sum\limits_{i=1}^{n} f(\xi_i)\Delta x_i$ 总趋于确定的常数 I，则称极限 I 为函数 $f(x)$ 在区间 $[a,b]$ 上的定积分，记为 $\int_a^b f(x)\mathrm{d}x$，即

$$\int_a^b f(x)\mathrm{d}x = \lim_{\lambda\to 0}\sum_{i=1}^n f(\xi_i)\Delta x_i ,$$

其中 $f(x)$ 称为被积函数，$f(x)\mathrm{d}x$ 称为被积表达式，x 称为积分变量，a 与 b 分别称为积分下限和积分上限，$[a,b]$ 称为积分区间. 和式 $\sum_{i=1}^n f(\xi_i)\Delta x_i$ 通常称为积分和，当积分和的极限存在时，也称 $f(x)$ 在 $[a,b]$ 上可积，否则称 $f(x)$ 在 $[a,b]$ 上不可积. 规定：当 $a>b$ 时，$\int_a^b f(x)\mathrm{d}x = -\int_b^a f(x)\mathrm{d}x$；当 $a=b$ 时，$\int_a^a f(x)\mathrm{d}x = 0$.

2. 可积函数及其性质

(1) 可积的必要条件：如果函数 $f(x)$ 在 $[a,b]$ 上可积，则函数 $f(x)$ 在 $[a,b]$ 上有界.

(2) 可积的充分条件：如果函数 $f(x)$ 在 $[a,b]$ 上连续，或函数 $f(x)$ 在 $[a,b]$ 上有界，且只有有限个间断点，则 $f(x)$ 在 $[a,b]$ 上可积.

(3) 如果函数 $f(x)$ 在 $[a,b]$ 上可积，则函数 $f(x)$ 在 $[a,b]$ 的任何子区间上也可积，去掉或改变函数 $f(x)$ 在有限个点的函数值，并不改变 $f(x)$ 在 $[a,b]$ 上的定积分的值.

3. 定积分的几何意义

当函数 $f(x)$ 在 $[a,b]$ 上连续且 $f(x)\geqslant 0$ 时，由直线 $x=a, x=b$，x 轴以及曲线 $y=f(x)$ 所围成的曲边梯形的面积 $A=\int_a^b f(x)\mathrm{d}x$.

4. 定积分的性质

(1) 线性可加性：$\int_a^b [k_1 f(x)+k_2 g(x)]\mathrm{d}x = k_1\int_a^b f(x)\mathrm{d}x + k_2\int_a^b g(x)\mathrm{d}x$（$k_1,k_2$ 是常数).

(2) 区间可加性：$\int_a^b f(x)\mathrm{d}x = \int_a^c f(x)\mathrm{d}x + \int_c^b f(x)\mathrm{d}x$.

(3) 保序性：若在 $[a,b]$ 上 $f(x)\leqslant g(x)$，则 $\int_a^b f(x)\mathrm{d}x \leqslant \int_a^b g(x)\mathrm{d}x$.

(4) 保号性：在 $[a,b]$ 上 $f(x)\geqslant 0$（$f(x)\leqslant 0$），则 $\int_a^b f(x)\mathrm{d}x \geqslant 0$ $\left(\int_a^b f(x)\mathrm{d}x \leqslant 0\right)$.

(5) 估值不等式：设 M 和 m 分别是 $f(x)$ 在 $[a,b]$ 上的最大值和最小值，则

$$m(b-a)\leqslant \int_a^b f(x)\mathrm{d}x \leqslant M(b-a).$$

(6) 积分中值定理：设函数 $f(x)$ 在 $[a,b]$ 上连续，则 (a,b) 内至少存在一点 ξ，

使得

$$\int_a^b f(x)\mathrm{d}x = f(\xi)(b-a).$$

5. 变上限积分(积分上限函数)

(1)定义：如果函数 $f(x)$ 在区间 $[a,b]$ 上连续，称函数 $\Phi(x)=\int_a^x f(t)\mathrm{d}t$ 为变上限积分或积分上限函数.

(2)连续性与可导性：如果函数 $f(x)$ 在区间 $[a,b]$ 上连续，则积分上限函数 $\Phi(x)=\int_a^x f(t)\mathrm{d}t$ 在 $[a,b]$ 上可导，并且 $\Phi'(x)=\frac{\mathrm{d}}{\mathrm{d}x}\int_a^x f(t)\mathrm{d}t = f(x)\ (a\leqslant x\leqslant b)$，进而 $\Phi(x)$ 在 $[a,b]$ 上连续.

(3)变上限积分(积分上限函数)求导公式：

$$\left(\int_{v(x)}^{u(x)} f(t)\mathrm{d}t\right)' = f(u(x))u'(x) - f(v(x))v'(x).$$

6. 定积分的计算

(1)牛顿-莱布尼茨公式：设函数 $f(x)$ 在区间 $[a,b]$ 上连续，函数 $F(x)$ 是 $f(x)$ 在 $[a,b]$ 上的一个原函数，则 $\int_a^b f(x)\mathrm{d}x = F(b)-F(a)$. 根据这一公式，如果利用不定积分求得函数 $f(x)$ 的一个原函数 $F(x)$，则可以算得定积分的值. 而寻找原函数就是寻找不定积分，因此，设 $\int f(x)\mathrm{d}x = F(x)+C$，则 $\int_a^b f(x)\mathrm{d}x = F(x)\Big|_a^b$.

(2)定积分的换元积分法：设函数 $f(x)$ 在区间 $[a,b]$ 上连续，如果 $x=\varphi(t)$ 满足条件

①$\varphi(t)$ 在区间 $[\alpha,\beta]$ (或 $[\beta,\alpha]$)上有连续导数;

②当 $\varphi(t)$ 在 $[\alpha,\beta]$ (或 $[\beta,\alpha]$)上变化时，$x=\varphi(t)$ 的值在 $[a,b]$ 上变化，且 $\varphi(\alpha)=a,\varphi(\beta)=b$. 则有

$$\int_a^b f(x)\mathrm{d}x = \int_\alpha^\beta f[\varphi(t)]\varphi'(t)\mathrm{d}t.$$

注　1)定积分作换元的目的是为了计算定积分的值，把定积分转换为一个积分值相等的新的定积分，因而与不定积分作换元积分的过程相比较，少了回代的步骤.

2)定积分作换元积分时要注意，换元要换限，即积分变量换了，积分的上下限也要跟着变.

3) 虽然定积分的换元积分法并不要求 $x=\varphi(t)$ 在 $[\alpha,\beta]$ 上单调, 但是在实际计算中, 我们总是尽可能选取 $x=\varphi(\mathrm{t})$ 的单调区间, 使得计算简单.

(3) 定积分的分部积分公式: $\int_a^b u(x)v'(x)\mathrm{d}x=\left[u(x)v(x)\right]_a^b-\int_a^b u'(x)v(x)\mathrm{d}x$.

(4) 利用奇偶性简化定积分的计算: 设函数 $f(x)$ 在对称区间 $[-a,a]$ 上连续,

a) 若 $f(x)$ 为偶函数, 则 $\int_{-a}^{a} f(x)\mathrm{d}x=2\int_0^a f(x)\mathrm{d}x$;

b) 若 $f(x)$ 为奇函数, 则 $\int_{-a}^{a} f(x)\mathrm{d}x=0$.

7. 反常积分

(1) 无穷区间上的反常积分

$$\int_a^{+\infty} f(x)\mathrm{d}x=\lim_{t\to+\infty}\int_a^t f(x)\mathrm{d}x\text{；}\quad \int_{-\infty}^{b} f(x)\mathrm{d}x=\lim_{t\to-\infty}\int_t^b f(x)\mathrm{d}x.$$

这里若极限存在, 则称此反常积分收敛或存在; 若极限不存在, 则称此反常积分发散或不存在.

$\int_{-\infty}^{+\infty} f(x)\mathrm{d}x$ 收敛 $\Leftrightarrow \int_{-\infty}^{0} f(x)\mathrm{d}x$ 和 $\int_0^{+\infty} f(x)\mathrm{d}x$ 都收敛.

结论: 反常积分 $\int_a^{+\infty}\frac{1}{x^p}\mathrm{d}x\ (a>0,p>0)$ 当 $p>1$ 时收敛, 当 $p\leqslant 1$ 时发散.

(2) 无界函数的反常积分

如果函数 $f(x)$ 在点 x_0 的任何邻域内都无界, 则称 x_0 为函数 $f(x)$ 的瑕点.

设函数 $f(x)$ 在 $(a,b]$ 上连续, 点 a 为 $f(x)$ 的瑕点, 则

$$\int_a^b f(x)\mathrm{d}x=\lim_{t\to a^+}\int_t^b f(x)\mathrm{d}x.$$

若此极限存在, 则称反常积分 $\int_a^b f(x)\mathrm{d}x$ 存在或收敛; 如果上述极限不存在, 则称反常积分不存在或发散.

设函数 $f(x)$ 在 $[a,b)$ 上连续, 点 b 为 $f(x)$ 的瑕点, 则

$$\int_a^b f(x)\mathrm{d}x=\lim_{t\to b^-}\int_a^t f(x)\mathrm{d}x .$$

若此极限存在, 则称反常积分 $\int_a^b f(x)\mathrm{d}x$ 存在或收敛; 如果上述极限不存在, 则称反常积分不存在或发散.

结论: 反常积分$\int_a^b \frac{1}{(x-a)^p}\mathrm{d}x$ $(p>0)$当$p<1$时收敛, 当$p\geqslant 1$时发散.

8. 微元法

微元法是定积分概念中“分割、近似、作和、求极限”思想的简化.

(1)用微元法求平面图形的面积

①在平面直角坐标系下的情形

x-型区域$D=\{(x,y)|f_1(x)\leqslant y\leqslant f_2(x),a\leqslant x\leqslant b\}$所对应的平面图形的面积为

$$A=\int_a^b[f_2(x)-f_1(x)]\mathrm{d}x.$$

y-型区域$D=\{(x,y)|g_1(y)\leqslant x\leqslant g_2(y),c\leqslant y\leqslant d\}$所对应的平面图形的面积为

$$A=\int_c^d[g_2(y)-g_1(y)]\mathrm{d}y.$$

②在极坐标系下的情形

由极坐标系下曲线$r=r(\theta)$及射线$\theta=\alpha,\theta=\beta(\alpha<\beta)$所围成的曲边扇形面积为

$$A=\frac{1}{2}\int_\alpha^\beta r^2(\theta)\mathrm{d}\theta.$$

(2)用微元法求平面曲线的弧长

①在平面直角坐标系下的情形

设平面曲线$y=f(x),a\leqslant x\leqslant b$, 则该曲线段的弧长为$S=\int_a^b\sqrt{1+(y')^2}\mathrm{d}x$.

②参数方程情形

设平面曲线$\begin{cases}x=x(t),\\y=y(t),\end{cases}$ $\alpha\leqslant t\leqslant\beta$, 则曲线段的弧长为$S=\int_\alpha^\beta\sqrt{(x'(t))^2+(y'(t))^2}\mathrm{d}t$.

③在极坐标系下的情形

设平面曲线的极坐标方程为$r=r(\theta)$, $\alpha\leqslant\theta\leqslant\beta$, 则曲线段的弧长为

$$S=\int_\alpha^\beta\sqrt{r^2(\theta)+r'^2(\theta)}\mathrm{d}\theta.$$

(3)用微元法求几何立体的体积

①旋转体的体积

平面图形$0\leqslant y\leqslant f(x)$, $a\leqslant x\leqslant b$绕x轴旋转一周而成的旋转体的体积为

$$V_x = \int_a^b \pi\left[f(x)\right]^2 \mathrm{d}x .$$

平面图形 $0 \leqslant x \leqslant g(y)$，$c \leqslant y \leqslant d$ 绕 y 轴旋转一周而成的旋转体的体积为

$$V_y = \int_c^d \pi\left[g(y)\right]^2 \mathrm{d}y .$$

②平行截面面积为已知函数的立体体积

设立体被垂直于 x 轴的平面所截得的截面面积为 $A(x)$，$a \leqslant x \leqslant b$，则立体体积为

$$V = \int_a^b A(x)\mathrm{d}x .$$

第6章　常微分方程

一、本章教学要求及重点难点

本章教学要求:

(1)理解常微分方程及其解、阶、通解、初始条件和特解等基本概念.

(2)熟练掌握可分离变量微分方程、一阶线性微分方程的解法.

(3)会将齐次方程表达为可分离变量的方程并求解.

(4)理解二阶线性微分方程解的性质及解的结构定理.

(5)熟练掌握二阶常系数齐次线性微分方程通解的求法.

(6)掌握两类特殊的二阶常系数非齐次线性微分方程特解的形式, 并会求方程的通解.

本章重点难点:

(1)熟练掌握可分离变量微分方程、一阶线性微分方程的解法.

(2)熟练掌握二阶常系数齐次线性微分方程通解的求法.

(3)掌握两类特殊的二阶常系数非齐次线性微分方程特解的形式, 并会求方程的通解.

二、内容提要

1. 常微分方程的基本概念

(1)含有自变量、一元未知函数及其导数或微分的方程, 称为(常)微分方程.

(2)微分方程中出现的未知函数的导数或微分的最高阶数, 称为微分方程的阶数.

(3)使得微分方程成为恒等式的函数称为微分方程的解. 如果微分方程的解中所含有的互相独立的任意常数的个数与微分方程的阶数相同, 则称此解为微分方程的通解. 确定了通解中的任意常数后, 所得到的微分方程的解称为特解.

(4)用于确定 n 阶方程通解的任意常数的 n 个条件, 称为微分方程的初始条件.

2. 一阶微分方程

(1)一阶微分方程的基本形式

$$F(x,y,y')=0 \quad 或 \quad y'=f(x,y) \quad 或 \quad P(x,y)\mathrm{d}x+Q(x,y)\mathrm{d}y=0 .$$

(2) 四种常见类型方程的解法

①可分离变量方程基本形式：$y'=\dfrac{f(x)}{g(y)}$.

解法：分离变量可得 $g(y)\mathrm{d}y=f(x)\mathrm{d}x$，两边同时积分可得

$$\int g(y)\mathrm{d}y=\int f(x)\mathrm{d}x+C.$$

注　这里不定积分的记号表示被积函数的一个原函数.

②一阶线性方程基本形式：$y'+P(x)y=Q(x)$，当 $Q(x)=0$ 时，称此方程为一阶齐次线性微分方程(可分离变量方程)；当 $Q(x)\neq 0$ 时，称此方程为一阶非齐次线性微分方程.

求解公式：$y=\mathrm{e}^{-\int P(x)\mathrm{d}x}\left(\int Q(x)\mathrm{e}^{\int P(x)\mathrm{d}x}\mathrm{d}x+C\right)$.

③齐次方程基本形式：$\dfrac{\mathrm{d}y}{\mathrm{d}x}=\varphi\left(\dfrac{y}{x}\right)$，

解法：作变量代换 $u=\dfrac{y}{x}$，将其代入方程整理得到 $\dfrac{\mathrm{d}u}{\varphi(u)-u}=\dfrac{\mathrm{d}x}{x}$，这样齐次方程就化为可分离变量方程进行求解.

④伯努利方程基本形式：$\dfrac{\mathrm{d}y}{\mathrm{d}x}+P(x)y=Q(x)y^n\quad(n\neq 0,1)$.

解法：把方程的两边除以 y^n，得 $y^{-n}\dfrac{\mathrm{d}y}{\mathrm{d}x}+P(x)y^{1-n}=Q(x)$，可以整理为 $\dfrac{(y^{1-n})'}{1-n}+P(x)y^{1-n}=Q(x)$，令 $z=y^{1-n}$，便有 $\dfrac{1}{1-n}\dfrac{\mathrm{d}z}{\mathrm{d}x}+P(x)z=Q(x)$，这样就将伯努利方程化为了一阶非齐次线性微分方程.

3. 二阶线性微分方程

(1) 二阶线性微分方程基本形式：$y''+P(x)y'+Q(x)y=f(x)$，当 $f(x)=0$ 时，称此方程为二阶齐次线性微分方程. 当 $f(x)\neq 0$ 时，称此方程为二阶非齐次线性微分方程.

(2) 解的相关性质:

①定义：如果两个函数 $y_1(x)$，$y_2(x)$ 之比是一个常数，则称 $y_1(x)$，$y_2(x)$ 是线性相关的，否则称二者为线性无关的.

②二阶齐次线性微分方程解的结构定理：如果 $y_1(x)$，$y_2(x)$ 是二阶齐次线性微分方程的两个线性无关的特解，则 $y=C_1y_1+C_2y_2$ 就是该方程的通解.

③二阶非齐次线性微分方程解的结构定理：设 $y^*(x)$ 是二阶非齐次线性微分

方程的一个特解，$Y(x)$是二阶齐次线性微分方程的通解，则$y=Y(x)+y^*(x)$是二阶非齐次线性微分方程的通解.

④特解的叠加原理：若非齐次方程中的$f(x)$可以写作两个函数之和，即

$$y''+P(x)y'+Q(x)y=f_1(x)+f_2(x),\tag{1}$$

而y_1^*是$y''+P(x)y'+Q(x)y=f_1(x)$的一个特解，y_2^*是$y''+P(x)y'+Q(x)y=f_2(x)$的一个特解，则$y_1^*+y_2^*$是方程(1)的特解.

4. 二阶常系数齐次线性微分方程

(1)二阶常系数齐次线性微分方程的基本形式：$y''+py'+qy=0$，其中p,q为常数.

(2)二阶常系数齐次线性微分方程的通解求法

第一步：写出$y''+py'+qy=0$的特征方程$r^2+pr+q=0$；

第二步：求出两个特征根r_1,r_2；

第三步：根据r_1,r_2的三种不同情况，写出方程的通解.

当$\Delta=p^2-4q>0$时，$r_{1,2}=\dfrac{-p\pm\sqrt{p^2-4q}}{2}$，通解为$y=C_1\mathrm{e}^{r_1x}+C_2x\mathrm{e}^{r_2x}$；

当$\Delta=p^2-4q=0$时，$r_1=r_2=-\dfrac{p}{2}$，通解为$y=C_1\mathrm{e}^{-\frac{p}{2}x}+C_2x\mathrm{e}^{-\frac{p}{2}x}$；

当$\Delta=p^2-4q<0$时，$r_1=\alpha+\mathrm{i}\beta$和$r_2=\alpha-\mathrm{i}\beta$（这里$\beta>0$），通解为

$$y=\mathrm{e}^{\alpha x}(C_1\cos\beta x+C_2\cos\beta x).$$

5. 二阶常系数非齐次线性微分方程

(1)二阶常系数非齐次线性微分方程的基本形式：$y''+py'+qy=f(x)$.

(2)二阶常系数非齐次线性微分方程的通解求法

类型一：当$f(x)=\mathrm{e}^{\lambda x}P_m(x)$时，通解的求法(这里$P_m(x)$为一个$m$次多项式)

①求出所对应的齐次方程$y''+py'+qy=0$的特征根和通解Y；

②根据λ的值，设出非齐次方程的特解$y^*=x^k\mathrm{e}^{\lambda x}Q_m(x)$；

当λ不是特征根时，$k=0$；

当λ是特征方程的单根时，$k=1$；

当λ是特征方程的二重根时，$k=2$；

③将y^*代入非齐次方程$y''+py'+qy=\mathrm{e}^{\lambda x}P_m(x)$中，确定$y^*$；

④由解的结构定理可知：$y''+py'+qy=\mathrm{e}^{\lambda x}P_m(x)$的通解为$y=Y+y^*$.

类型二：$f(x)=\mathrm{e}^{\lambda x}[P(x)\cos\omega x+Q(x)\sin\omega x]$，其中 λ，ω 是实常数，$P(x)$ 和 $Q(x)$ 是多项式，最高次数为 m .

①求出所对应的齐次方程 $y''+py'+qy=0$ 的特征根和通解 Y；

②设出非齐次方程的特解 $y^*=x^k\mathrm{e}^{\lambda x}[R_1(x)\cos\omega x+R_2(x)\sin\omega x]$，其中 $R_1(x)$ 和 $R_2(x)$ 均是待定的 m 次多项式．当 $\lambda+\mathrm{i}\omega$ 是特征方程 $r^2+pr+q=0$ 的根时，取 $k=1$. 否则，取 $k=0$；

③将 y^* 代入非齐次方程中，确定 y^*；

④由解的结构定理可知非齐次方程的通解为 $y=Y+y^*$.

测 试 篇

单元自测一　极限与函数的连续性

专业____________班级____________ 姓名____________学号____________

一、填空题

1. 设 $f(x)=\dfrac{1-x}{1+x}$，则 $f[f(x)]=$__________.

2. $\lim\limits_{n\to\infty}\dfrac{2^n-3^n}{2^n+3^n}=$__________.

3. $\lim\limits_{n\to\infty}(1-\dfrac{1}{x})^{2x}=$__________.

4. $\lim\limits_{x\to\infty}\dfrac{2x^2+3}{3x+2}\sin\dfrac{1}{x}=$__________.

5. 已知 $x\to 0$ 时 $(1+ax^2)^{\frac{1}{3}}-1$ 与 $\cos x-1$ 是等价无穷小，则 $a=$__________.

6. 函数

$$f(x)=\begin{cases} e^{\frac{1}{x}}, & x<0, \\ 0, & x=0, \\ x\sin\dfrac{1}{x}, & x>0 \end{cases}$$

的连续区间是__________.

二、选择题

1. 函数 $y=\dfrac{1}{\sqrt{4-x^2}}+\arcsin(\dfrac{x}{2}-1)$ 的定义域是(　　).

(A) $[0,2)$　　(B) $(-2,2)$　　(C) $[0,4]$　　(D) $[-2,4]$.

2. 已知极限 $\lim\limits_{n\to\infty}\left(\dfrac{n^2+2}{n}+kn\right)=0$，则常数 $k=$(　　).

(A) -1　　(B) 0　　(C) 1　　(D) 2

3. 若 $\lim\limits_{x\to x_0}f(x)=A$，则下面选项中不正确的是(　　).

(A) $f(x)=A+\alpha$，其中 α 为无穷小

(B) $f(x)$ 在 x_0 点可以无意义

(C) $A = f(x_0)$

(D) 若 $A > 0$，则在 x_0 的某一去心邻域内 $f(x) > 0$

4. 当 $x \to 0$ 时，下列哪一个函数不是其他函数的等价无穷小(　　).

(A) $\sin x^2$　　(B) $1-\cos x^2$　　(C) $\ln(1+x^2)$　　(D) $x(e^x-1)$

5. 设函数 $f(x)=\begin{cases}\dfrac{\sin ax}{x}, & x>0,\\ b, & x=0,\\ \dfrac{1}{x}\ln(1-x), & x<0\end{cases}$ 在点 $x=0$ 处连续，则常数 a,b 的值为(　　).

(A) $a=0,b=0$　　(B) $a=1,b=1$

(C) $a=-1,b=-1$　　(D) $a=1,b=-1$

6. 已知函数 $f(x)=x^3+x-3$ 在 $(-\infty,+\infty)$ 上单调增加，则方程 $x^3+x-3=0$ 必有一个根的区间是(　　).

(A) $(-1, 0)$　　(B) $(0, 1)$　　(C) $(1, 2)$　　(D) $(2, 3)$

三、计算题

1. 求函数 $y=\dfrac{e^x}{e^x+1}$ 的反函数，并求反函数的定义域.

2. 求极限 $\lim\limits_{n\to\infty}\sqrt{n}(\sqrt{n+1}-\sqrt{n-1})$.

3. 求极限 $\lim\limits_{n\to\infty}\left(\dfrac{1}{n^2+1}+\dfrac{2}{n^2+2}+\cdots+\dfrac{n}{n^2+n}\right)$.

4. 求极限 $\lim\limits_{x\to1}\left(\dfrac{1}{x-1}-\dfrac{3}{x^3-1}\right)$.

5. 设 $\lim\limits_{x\to\infty}\left(\dfrac{x+2a}{x-a}\right)^x=8$，求常数 a.

6. 求极限 $\lim\limits_{x\to0}(1+3\tan^2 x)^{\frac{1}{x^2}}$.

7. 讨论函数 $f(x)=\dfrac{|x|(x-1)}{x^2(x^2-1)}$ 的间断点及其类型.

四、证明题

设函数 $f(x)$ 在 $[a,b]$ 上连续，且 $a<f(x)<b$. 证明至少存在一点 $\xi\in(a,b)$，使 $f(\xi)=\xi$.

单元自测二　导数与微分

专业____________班级____________ 姓名____________学号____________

一、判断题

1. $f(x)$ 在 x_0 点可导，则 $f(x)$ 在 x_0 点连续.　（　　）
2. $f(x)$ 在 x_0 点连续，则 $f(x)$ 在 x_0 点可导.　（　　）
3. $f(x)$ 在 x_0 点可导，则 $\lim\limits_{x\to x_0} f(x)$ 存在.　（　　）
4. $\lim\limits_{x\to x_0} f(x)$ 存在，则 $f(x)$ 在 x_0 点可导.　（　　）
5. $f(x)$ 在 x_0 点不可导，则 $f(x)$ 在 x_0 点不连续.　（　　）
6. $f(x)$ 在 x_0 点不连续，则 $f(x)$ 在 x_0 点不可导.　（　　）

二、选择题

1. 设 $\lim\limits_{h\to 0}\dfrac{f(x_0)-f(x_0+2h)}{h}=-3$，则（　　）.

(A) $f'(x_0)=2$　　(B) $f'(x_0)=-3$

(C) $f'(x_0)=\dfrac{3}{2}$　　(D) $f'(x_0)$ 存在与否无法确定

2. 设 $f(0)=0$，且 $\lim\limits_{x\to 0}\dfrac{f(2x)}{x}=2$，则（　　）.

(A) $f'(0)=1$　　(B) $f'(0)=2$

(C) $f'(0)=\dfrac{1}{2}$　　(D) $f'(0)$ 存在与否无法确定

3. 设函数 $f(x)=\begin{cases} a\sin x, & x<0, \\ \ln(b+x), & x\geqslant 0 \end{cases}$ 在点 $x=0$ 处可导，则（　　）.

(A) $a=0,b=1$　　(B) $a=1,b=1$　　(C) $a=0,b=\mathrm{e}$　　(D) $a=1,b=\mathrm{e}$

4. 设 $\varphi(x)$ 在点 $x=0$ 处连续，且 $\varphi(0)=0$，若 $f(x)=|x|\varphi(x)$，则 $f(x)$ 在 $x=0$ 点处（　　）.

(A) 不连续　　(B) 连续但不可导

(C) 可导，且 $f'(0)=\varphi'(0)$　　(D) 可导，且 $f'(0)=\varphi(0)$

三、计算题

1. 设 $y = x\arcsin\dfrac{x}{2} + \tan^3(2x+1)$，求 y'.

2. 设 $y = f^2(x^2)$，其中函数 $f(x)$ 可导，求 y'.

3. 设 $y = (1+x^2)^x$，求 y'.

4. 设 $y = \sqrt{\dfrac{x-5}{\sqrt[3]{x^2+2}}}$，求 y'.

5. 设 $y = x^2 \ln x + \sin^2 2x$，求 y''.

6. 设 $y = y(x)$ 是由方程 $e^y = y + x$ 所确定的隐函数, (1) 求 $\frac{dy}{dx}$; (2) 求 $\frac{d^2y}{dx^2}$.

7. 设 $\begin{cases} x = t^2 + 2t, \\ y = te^t, \end{cases}$ (1) 求 $\frac{dy}{dx}$; (2) 求 $\frac{d^2y}{dx^2}$.

8. 求函数 $y = \ln\sqrt{1 + x^2}$ 的微分 dy.

四、应用题

1. 已知曲线 $y=f(x)$ 过 $(1,0)$ 点，且 $\lim\limits_{x\to 0}\dfrac{f(1-2x)}{x}=1$，求曲线在点 $(1,0)$ 处的切线方程.

2. 设水管壁的正截面是一个圆环，其外直径为 20 cm，壁厚为 0.4 cm，试求此圆环面积的近似值.

五、证明题

设 $y=f(\mathrm{e}^x)$，且函数 $f(x)$ 具有二阶导数，证明：$y''-y'=\mathrm{e}^{2x}f''(\mathrm{e}^x)$.

单元自测三　微分中值定理与导数的应用

专业____________班级____________ 姓名___________学号____________

一、填空题

1. $f(x)=x\sqrt{3-x}$ 在 $[0,3]$ 上是否满足罗尔定理条件__________，若满足，则 $\xi=$ ____________.

2. $f(x)=x^4$ 在 $[1,2]$ 上是否满足拉格朗日中值定理条件__________，若满足，则 $\xi=$ ____________.

3. $\lim\limits_{x\to 2}\dfrac{x^3+ax^2+b}{x-2}=8$，则 $a=$____________ $b=$____________.

二、选择题

1. 罗尔定理的三个条件：在 $[a,b]$ 上连续，在 (a,b) 内可导，$f(a)=f(b)$ 是 $f(x)$ 在 (a,b) 内至少存在一点 ξ 使 $f'(\xi)=0$ 的(　　).

(A) 必要条件　　(B) 充分条件

(C) 充分必要条件　　(D) 既非充分也非必要条件

2. $\lim\limits_{x\to+\infty}\dfrac{\mathrm{e}^x-\mathrm{e}^{-x}}{\mathrm{e}^x+\mathrm{e}^{-x}}=$(　　).

(A) 1　　(B) -1　　(C) 0　　(D) 不存在

3. $y=x^2+12x+1$ 在区间 $(-6,+\infty)$ 内(　　).

(A) 凸增　　(B) 凸减　　(C) 凹增　　(D) 凹减

4. 曲线 $y=4-\sqrt[3]{x-1}$ 的拐点是(　　).

(A) (1, 4)　　(B) (2, 3)　　(C) (9, 2)　　(D) (0, 5)

5. 下面结论正确的是(　　).

(A) 驻点一定是极值点　　(B) 可导函数的极值点一定是驻点

(C) 函数的不可导点一定是极值点　　(D) 函数的极大值一定大于极小值

三、计算题

1. 求 $\lim\limits_{x\to 0}\dfrac{x-\arctan x}{x\sin^2 x}$.

2. 求 $\lim_{x\to 0}\left[\frac{1}{\ln(1+x)}-\frac{1}{x}\right]$.

3. 求 $\lim_{x\to 0^+}\tan x\cdot\ln x$.

4. 求 $\lim_{x\to +\infty}\left(\frac{2}{\pi}\arctan x\right)^x$

四、应用题

1. 确定函数 $y=2x^2e^{-x}$ 的单调区间.

2. 求曲线 $x^2\ln x$ 的拐点及凹、凸区间.

3. 求 $y=x^3-12x+5$ 在 $[0,5]$ 上的最大值和最小值.

4. 欲做一个容积为 $72\ \mathrm{m}^3$ 的长方体带盖箱子，箱子底长 x m 与宽 y m 的比为 $1:2$，问长方体带盖箱子底长 x、宽 y 及高 h 各为多少时，才能使箱子用料最省？

五、证明题

1. 设$b>a>0$，证明: $\dfrac{b-a}{b}<\ln\dfrac{b}{a}<\dfrac{b-a}{a}$.

2. 证明: 当$x>0$时，$\ln(1+x)>x-\dfrac{1}{2}x^2$.

3. 证明: 方程$x^5+x-1=0$只有一个正根.

单元自测四　不 定 积 分

专业____________班级____________ 姓名___________学号____________

一、填空题

1. 若不定积分 $\int f(x)\mathrm{d}x = 2^{x^2} + C$，则被积函数 $f(x) =$ ___________.

2. 已知 $\left(\int f(x)\mathrm{d}x\right)' = \sqrt{1+x^2}$，则 $f'(1) =$ ___________.

3. 设 $\int f(x)\mathrm{d}x = x^2 + C$，则 $\int xf(x^2-1)\mathrm{d}x =$ ___________.

4. 不定积分 $\int \frac{\sec^2 x}{\sqrt{\tan x + 1}}\mathrm{d}x =$ ___________.

5. 不定积分 $\int \frac{1}{x(1+x^3)}\mathrm{d}x =$ ___________.

二、选择题

1. 若函数 2^x 为 $f(x)$ 的一个原函数，则函数 $f(x) =$（　　）.

（A）$x2^{x-1}$　　（B）$\frac{1}{x+1}2^{x+1}$　　（C）$2^x \ln 2$　　（D）$\frac{2^x}{\ln 2}$

2. 若函数 $\ln(x^2+1)$ 为 $f(x)$ 的一个原函数，则下列函数中（　　）为 $f(x)$ 的原函数.

（A）$\ln(x^2+2)$　　（B）$2\ln(x^2+2)$　　（C）$\ln(2x^2+2)$　　（D）$2\ln(x^2+1)$

3. 设 $F''(x) = f(x)$，则 $\int f(x)\mathrm{d}x =$（　　）.

（A）$F(x)+C$　　（B）$F'(x)+C$　　（C）$F''(x)+C$　　（D）$f'(x)+C$

三、计算下列不定积分

1. $\int \frac{\mathrm{e}^{2x}}{1+\mathrm{e}^x}\mathrm{d}x$.

2. $\int \frac{x-\arctan x}{1+x^2}\mathrm{d}x$.

3. $\int \frac{x^2}{1-\sqrt{1-x^2}}\mathrm{d}x$.

4. $\int \frac{1}{\sqrt{2x-1}+1}\mathrm{d}x$.

5. $\int e^{x}\sin\frac{x}{2}dx$.

6. $\int\frac{1+x^{2}\ln^{2}x}{x\ln x}dx$.

7. $\int\frac{x+7}{x^{2}-x-2}dx$.

8. $\int \frac{1}{1+\cos^2 x}\mathrm{d}x$.

四、应用题

已知某产品产量的变化率是时间 t 的函数 $f(t)=at+b$（a,b 为常数），设此产品的产量为函数 $P(t)$，且 $P(0)=0$，求 $P(t)$.

单元自测五　定积分及其应用

专业____________班级____________ 姓名___________学号____________

一、填空题

1. $\int_{-\pi}^{\pi} x^4 \sin x \mathrm{d}x =$___________.

2. $\int_0^2 f(x)\mathrm{d}x =$___________，其中 $f(x)=\begin{cases} x^2, & 0 \leqslant x \leqslant 1, \\ 2-x, & 1 < x \leqslant 2. \end{cases}$

3. 利用定积分的几何意义计算定积分 $\int_{-2}^{2} \sqrt{4-x^2}\mathrm{d}x =$ ___________.

4. 正弦曲线 $y=\sin x$ 在 $[0,\pi]$ 上与 x 轴所围成的平面图形绕 x 轴旋转一周所得旋转体的体积 $V=$___________.

5. $\int_1^{+\infty} \frac{\mathrm{d}x}{x^4} =$___________.

二、选择题

1. 下列说法中正确的是(　　).

(A) $f(x)$ 在 $[a,b]$ 上有界，则 $f(x)$ 在 $[a,b]$ 上可积

(B) $f(x)$ 在 $[a,b]$ 上连续，则 $f(x)$ 在 $[a,b]$ 上可积

(C) $f(x)$ 在 $[a,b]$ 上可积，则 $f(x)$ 在 $[a,b]$ 上连续

(D) 以上说法都不正确

2. 设 $f(x)=\begin{cases} 2, & x \leqslant 1, \\ 2x, & x > 1, \end{cases}$ 则 $\Phi(x)=\int_0^x f(t)\mathrm{d}t$ 在 $[0,2]$ 上的表达式为(　　).

(A) $\Phi(x)=\begin{cases} 2x, & 0 \leqslant x \leqslant 1, \\ x^2+1, & 1 < x \leqslant 2 \end{cases}$　(B) $\Phi(x)=\begin{cases} 2x, & 0 \leqslant x \leqslant 1, \\ x^2, & 1 < x \leqslant 2 \end{cases}$　(C) $2x$　(D) x^2

3. 设连续函数 $f(x)$ 满足：$f(x)=x+x^2\int_0^1 f(x)\mathrm{d}x$，则 $f(x)=$(　　).

(A) $\frac{3}{4}x+x^2$　(B) $x+\frac{3}{4}x^2$　(C) $\frac{3}{2}x+x^2$　(D) $x+\frac{3}{2}x^2$

4. 设 $f(u)$ 连续，且 $\int_0^2 xf(x)\mathrm{d}x \neq 0$，若 $k\int_0^1 xf(2x)\mathrm{d}x=\int_0^2 xf(x)\mathrm{d}x$，则 $k=$(　　).

(A) $\frac{1}{4}$　　(B) 1　　(C) 2　　(D) 4

5. 下列反常积分中收敛的是(　　).

(A) $\int_{1}^{+\infty}\frac{1}{x}\mathrm{d}x$　　(B) $\int_{1}^{+\infty}\frac{1}{\sqrt[3]{x^2}}\mathrm{d}x$　　(C) $\int_{0}^{1}\frac{1}{(x-1)^2}\mathrm{d}x$　　(D) $\int_{1}^{2}\frac{\mathrm{d}x}{\sqrt{2-x}}$

三、计算题

1. $\int_{-\frac{\pi}{2}}^{\frac{\pi}{2}}\cos^3 x\mathrm{d}x$.

2. $\int_{0}^{2}x^3\sqrt{4-x^2}\mathrm{d}x$.

3. $\int_{0}^{1}\ln(x^2+1)\mathrm{d}x$.

4. $\int_0^{\frac{\pi}{2}} e^{\sin x}\sin x\cos x dx$.

5. $\lim\limits_{x\to 0}\dfrac{\int_0^{x^2} t\cdot e^{-t^2}dt}{x^3\sin x}$.

四、应用题

1. 求由曲线 $y=\dfrac{1}{x}$ 与直线 $y=x,x=2$ 所围成平面图形的面积.

2. 求由曲线 $y=x^2$ 与直线 $y=x$ 所围成平面图形绕 x 轴旋转一周所得旋转体的体积.

3. 求由曲线 $r=4\cos\theta\left(-\dfrac{\pi}{2}\leqslant\theta\leqslant\dfrac{\pi}{2}\right)$ 所围成平面图形的面积.

4. 求曲线 $y=\dfrac{1}{2}x^2$ 上相应于 x 从 0 到 1 的一段弧的长度.

单元自测六　常微分方程

专业____________班级____________ 姓名____________学号____________

一、填空题

1. 微分方程 $y' = 2x\sqrt{1-y^2}$ 的通解为____________.

2. 微分方程 $y'\sin x = y\ln y$ 满足初始条件 $y\big|_{x=\frac{\pi}{2}} = \mathrm{e}$ 的特解为____________.

3. 微分方程 $\dfrac{\mathrm{d}^2 y}{\mathrm{d}x^2} - 2\dfrac{\mathrm{d}y}{\mathrm{d}x} + y = 0$ 的通解为____________.

二、选择题

1. 下列微分方程中, 通解为 $y = \mathrm{e}^x(C_1\cos 2x + C_2\sin 2x)$ 的微分方程是(　　).

(A) $y'' - 2y' - 3y = 0$　　(B) $y'' - 2y' + 5y = 0$

(C) $y'' + y' - 2y = 0$　　(D) $y'' + 6y' + 13y = 0$

2. 微分方程 $y'' - 5y' + 6y = x\mathrm{e}^{2x}$ 的特解形式(其中 a,b 为常数)为(　　).

(A) $y^* = (ax+b)x\mathrm{e}^{2x}$　　(B) $y^* = (ax+b)\mathrm{e}^{2x}$

(C) $y^* = ax^2\mathrm{e}^{2x} + b$　　(D) $y^* = a\mathrm{e}^{2x} + b$

3. 微分方程 $y'' - y = \mathrm{e}^x + 1$ 的特解形式(其中 a,b 为常数)为(　　)

(A) $a\mathrm{e}^x + b$　　(B) $ax\mathrm{e}^x + b$　　(C) $a\mathrm{e}^x + bx$　　(D) $ax\mathrm{e}^x + bx$

三、求下列微分方程的通解

1. $y'\cos y = \dfrac{1+\sin y}{\sqrt{x}}$.

2. $\dfrac{dy}{dx}=e^{\frac{y}{x}}+\dfrac{y}{x}$.

3. $(x-2)\dfrac{dy}{dx}=y+2(x-2)^3$.

4. $y'' + y' = 2x^2 e^x$.

5. $y'' - y = x\sin x$.

四、应用题

1. 已知曲线 $y = y(x)$ 经过原点，且在原点处的切线与直线 $2x + y + 6 = 0$ 平行，而 $y(x)$ 满足微分方程 $y'' - 2y' + 5y = 0$，求该曲线的方程.

2. 设连续函数 $y(x)$ 满足方程 $y(x) = \int_0^x y(t)\mathrm{d}t + \mathrm{e}^x$，求 $y(x)$.

综合训练一

专业____________班级____________ 姓名___________学号____________

一、选择题(本大题共 10 小题，每小题 2 分，共 20 分)

1. 设函数 $f(x)$ 定义在闭区间 $[a,b]$ 上，则下列结论**正确**的是(　　).

(A) 若 $f(x)$ 可积，则 $f(x)$ 一定有界 (B)若 $f(x)$ 连续，则 $f(x)$ 一定可导

(C) 若 $f(x)$ 有界，则 $f(x)$ 一定连续 (D)若 $f(x)$ 可积，则 $f(x)$ 一定可微

2. 下列结论**正确**的是(　　).

(A)若 $\lim\limits_{x\to x_0}|f(x)|=A$,则 $\lim\limits_{x\to x_0}f(x)=A$

(B)可导函数的极值点一定是驻点

(C)若 $f''(x_0)=0$，则点 $(x_0,f(x_0))$ 一定是曲线 $y=f(x)$ 的拐点

(D)一切初等函数在定义区间内部都可导

3. 下列求导运算**错误**的是(　　).

(A) $\dfrac{\mathrm{d}}{\mathrm{d}x}\displaystyle\int_0^x f(t)\mathrm{d}t=f(x)$　　(B) $\dfrac{\mathrm{d}}{\mathrm{d}x}\displaystyle\int_{-x}^3\sqrt[3]{1+t}\,\mathrm{d}t=\sqrt[3]{1-x}$

(C) $(\ln 8x)'=\dfrac{1}{x}$　　(D) $(\mathrm{e}^{x^2})'=\mathrm{e}^{x^2}$

4. 微分方程 $y''-y=\mathrm{e}^{2x}+1$ 的特解形式为(其中 a,b 为常数)(　　).

(A) $ax\mathrm{e}^{2x}+bx$　　(B) $ax\mathrm{e}^{2x}+b$　　(C) $a\mathrm{e}^{2x}+b$　　(D) $a\mathrm{e}^{2x}+bx$

5. 设 $\lim\limits_{x\to 0}\dfrac{f(x)}{x}=2$，则 $\lim\limits_{x\to 0}\dfrac{\sin 2x}{f(3x)}=$ (　　).

(A) $\dfrac{2}{3}$　　(B) $\dfrac{3}{2}$　　(C) $\dfrac{1}{3}$　　(D) 3

6. 设 $f'(x_0)$ 存在，则 $\lim\limits_{h\to 0}\dfrac{f(x_0-h)-f(x_0+h)}{-2h}=$(　　).

(A) $f'(x_0)$　　(B) $2f'(x_0)$　　(C) $-f'(x_0)$　　(D) $-2f'(x_0)$

7. 设函数 $f(x)=\begin{cases}\dfrac{\arctan x}{\ln(1+x)}, & x>0,\\ 0, & x=0,\\ x\sin\dfrac{1}{x}, & x<0,\end{cases}$ 则点 $x=0$ 是函数 $f(x)$ 的(　　).

(A)第二类间断点　　(B)第一类间断点

(C)连续但不可导点　　　　(D)可导点

8. 设$\int f(x)\mathrm{d}x = x\mathrm{e}^{-x}+C$，则函数$f(x)$的单调递增区间为(　　).

(A)$(-\infty,1]$　　(B)$[1,+\infty)$　　(C)$(-\infty,2]$　　(D)$[2,+\infty)$

9. 下列反常积分**错误**的是(　　).

(A)$\int_1^{+\infty}\frac{1}{x^4}\mathrm{d}x=\frac{1}{3}$　　(B)$\int_{-\infty}^{+\infty}\frac{1}{1+x^2}\mathrm{d}x=\pi$

(C)$\int_{-1}^{1}\frac{1}{x}\mathrm{d}x=0$　　(D)$\int_{-1}^{1}\frac{1}{\sqrt{x}}\mathrm{d}x=1$

10. 设函数$f(x)=\begin{cases}x+1, & x\leqslant 0,\\ x^x, & x>0,\end{cases}$则(　　).

(A)$\lim\limits_{x\to 0}f(x)$不存在

(B)$\lim\limits_{x\to 0}f(x)$存在，但$f(x)$在点$x=0$处不连续

(C)$f(x)$在点$x=0$处连续，但不可导

(D)$f(x)$在点$x=0$处可导，且$f'(0)=1$

二、填空题(本大题共5小题，每小题2分，共10分)

1. $\lim\limits_{x\to 0}(1+x)^{\frac{3}{\ln(1+x)}}=$__________.

2. 设$\begin{cases}x=3t-t^3,\\ y=2t-t^2,\end{cases}$则$\frac{\mathrm{d}y}{\mathrm{d}x}=$__________.

3. 设$y=\ln(\cot(x))$，则函数的微分$\mathrm{d}y=$__________.

4. $f(x)=\mathrm{e}^{-x}$ 的5阶麦克劳林公式为$\mathrm{e}^{-x}=$__________.

5. 一阶线性微分方程$y'-y=\mathrm{e}^x$的通解为__________.

三、计算题(本大题共6小题，每小题10分，共60分)

1. 求不定积分$\int\left(\sec x\tan x+\frac{1}{2\sqrt{x}}+2^x\ln 2+\frac{1}{1+x^2}+\mathrm{e}\right)\mathrm{d}x$.

2. 设函数 $y=y(x)$ 由方程 $\tan y=x+y$ 确定，求 $\dfrac{dy}{dx}$.

3. 求极限 $\lim\limits_{x\to 0}\left(\dfrac{1}{\sin x}-\dfrac{1}{e^x-1}\right)$.

4. 求不定积分 $\displaystyle\int\frac{x-1}{x^2-8x+15}dx$.

5. 求定积分 $\displaystyle\int_1^e x^3\ln x dx$.

6. 求微分方程 $y''-3y'+2y=0$ 的通解和在初值条件 $y\big|_{x=0}=1, y'\big|_{x=0}=2$ 下的特解.

四、应用题(本大题共 2 小题, 每小题 5 分, 共 10 分)

1. 求由抛物线 $y=x^2$ 与直线 $y=x$ 所围成的平面图形绕 x 轴旋转一周所得旋转体的体积.

2. 设函数 $f(x)$ 和 $g(x)$ 都在闭区间 $[a,b]$ 上连续, 在开区间 (a,b) 内可导, 并且 $f(a)=f(b)=0$, 证明: 至少存在一点 $\xi\in(a,b)$, 使得 $f'(\xi)+f(\xi)g'(\xi)=0$.

综合训练二

专业__________班级__________ 姓名__________学号__________

一、选择题(本大题共 10 小题，每小题 2 分，共 20 分)

1. 当 $x \to 0$ 时，下列函数(　　)不是其他函数的等价无穷小.

(A) $\sin x^2$　　(B) $1-\cos x^2$　　(C) $\ln(1+x^2)$　　(D) $x(\mathrm{e}^x-1)$

2. 已知极限 $\lim\limits_{n\to\infty}\left(\dfrac{n^2+2}{n}+kn\right)=0$ ，则常数 $k=$(　　).

(A) -1　　(B) 0　　(C) 1　　(D) 2

3. 设 $f(x)$ 在点 x_0 可导，则下列说法**错误**的是(　　).

(A) $\lim\limits_{x\to x_0} f(x)$ 存在　　(B) $f(x)$ 在点 x_0 连续

(C) $f(x)$ 在点 x_0 可微　　(D) $f(x)$ 在点 x_0 取得极值

4. 设 $\varphi(x)$ 在点 $x=0$ 处连续,且 $\varphi(0)=0$,若 $f(x)=|x|\varphi(x)$,则 $f(x)$ 在 $x=0$ 点处(　　)

(A)不连续　　(B)连续但不可导

(C)可导，且 $f'(0)=\varphi'(0)$　　(D)可导，且 $f'(0)=\varphi(0)$

5. 曲线 $y=4-\sqrt[3]{x-1}$ 的拐点是(　　).

(A) $(1,4)$　　(B) $(2,3)$　　(C) $(9,2)$　　(D) $(0,5)$

6. 若函数 2^x 为 $f(x)$ 的一个原函数，则函数 $f(x)=$(　　).

(A) $x2^{x-1}$　　(B) $\dfrac{1}{x+1}2^{x+1}$　　(C) $2^x\ln 2$　　(D) $\dfrac{2^x}{\ln 2}$

7. 设 $\int f(x)\mathrm{d}x=\mathrm{e}^{x^2}+C$，则下列说法正确的是(　　).

(A) $f(x)$ 在 $(-\infty,+\infty)$ 内单调增加　　(B) $f(x)$ 在 $(-\infty,+\infty)$ 内单调减少

(C) $f(x)$ 在 $[0,+\infty)$ 上单调增加　　(D) $f(x)$ 在 $[0,+\infty)$ 上单调减少

8. 设连续函数 $f(x)$ 满足：$f(x)=x+x^2\int_0^1 f(t)\mathrm{d}t$，则 $f(x)=$(　　).

(A) $x+\dfrac{4}{3}x^2$　　(B) $x+\dfrac{3}{4}x^2$　　(C) $x+\dfrac{2}{3}x^2$　　(D) $x+\dfrac{3}{2}x^2$

9. 下列反常积分中收敛的是(　　).

(A) $\int_{1}^{+\infty}\frac{1}{x}\mathrm{d}x$　　(B) $\int_{1}^{+\infty}\frac{1}{\sqrt[3]{x^2}}\mathrm{d}x$

(C) $\int_{0}^{1}\frac{1}{(x-1)^2}\mathrm{d}x$　　(D) $\int_{1}^{2}\frac{\mathrm{d}x}{\sqrt{2-x}}$

10. 曲线 $y=\frac{1}{2}x^2$ 上相应于 x 从 0 到 1 的一段弧的长度为(　　).

(A) $\frac{1}{2}[\sqrt{2}+\ln(\sqrt{2}+1)]$　　(B) $\frac{1}{2}\sqrt{2}$

(C) $\frac{1}{2}\ln(\sqrt{2}+1)$　　(D) $\sqrt{2}+\ln(\sqrt{2}+1)$

二、填空题(本大题共 5 小题, 每小题 2 分, 共 10 分)

1. $\lim\limits_{x\to 0}(1-2x)^{\frac{3}{x}}=$__________.

2. 设函数 $f(x)=\begin{cases}a\sin x, & x<0,\\ \ln(b+x), & x\geqslant 0\end{cases}$ 在点 $x=0$ 处可导, 则 $a=$__________, $b=$__________.

3. 设 $y=x^2\ln x$, 则函数的微分 $\mathrm{d}y=$__________.

4. $f(x)=x\mathrm{e}^x$ 的 n 阶麦克劳林公式为__________.

5. 微分方程 $\frac{\mathrm{d}y}{\mathrm{d}x}=2x\sqrt{1-y^2}$ 的通解为__________.

三、计算题(本大题共 6 小题, 每小题 10 分, 共 60 分)

1. 求 $\lim\limits_{x\to 0}\left(\frac{1}{\sin x}-\frac{1}{x}\right)$.

2. 设 $\begin{cases}x=\ln(1+t^2),\\ y=\arctan t,\end{cases}$ 求 $\frac{\mathrm{d}y}{\mathrm{d}x}$.

3. $\int \frac{x+7}{x^2-x-2}\mathrm{d}x$.

4. 求 $\int_0^1 \ln(1+x^2)\mathrm{d}x$.

5. 求由曲线 $x=y^2$ 及直线 $y=x$ 所围成平面图形绕 x 轴旋转一周所得旋转体的体积.

6. 求微分方程 $y'' + y' = 2xe^x$ 的通解.

四、证明题(10 分)

设函数 $f(x)$ 在 $(-\infty, +\infty)$ 内连续，且 $f(x) > 0$，证明方程 $\int_0^x f(t)\mathrm{d}t = (1-x)e^x$ 在区间 $(0,1)$ 内有且仅有一个实根.

综合训练三

专业____________班级____________ 姓名____________学号____________

一、选择题(本大题共 10 小题，每小题 2 分，共 20 分)

1. 下列广义积分结果**正确**的是(　　).

(A) $\int_{-1}^{1}\frac{1}{x}\mathrm{d}x=0$　　(B) $\int_{-1}^{1}\frac{1}{x^2}\mathrm{d}x=-2$

(C) $\int_{1}^{+\infty}\frac{1}{x^4}\mathrm{d}x=+\infty$　　(D) $\int_{1}^{+\infty}\frac{1}{\sqrt{x}}\mathrm{d}x=+\infty$

2. 下列求导运算**正确**的是(　　).

(A) $(\sin x^2)'=2x\cos x$　　(B) $[f(x_0)]'=f'(x_0)$

(C) $(\mathrm{e}^{\cos x})'=\mathrm{e}^{\cos x}$　　(D) $(\ln 5x)'=\frac{1}{x}$

3. 设 $f(x)$ 为定义在 $[a,b]$ 上的函数，则下列结论**错误**的是(　　).

(A)若 $f(x)$ 可导，则 $f(x)$ 一定连续

(B)若 $f(x)$ 可微，则 $f(x)$ 一定可导

(C)若 $f(x)$ 不连续，则 $f(x)$ 一定不可导

(D)若 $f(x)$ 可微，则 $f(x)$ 不一定可导

4. 下列等式**正确**的是(　　).

(A) $(\int f(x)\mathrm{d}x)'=f(x)$　　(B) $\int \mathrm{d}f(x)=f(x)$

(C) $\mathrm{d}(\int f(x)\mathrm{d}x)=f(x)$　　(D) $\int f'(x)\mathrm{d}x=f(x)$

5. 曲线 $\begin{cases}x=1+t^2,\\ y=t^3\end{cases}$ 在 $t=2$ 处的切线方程为(　　).

(A) $y=3x-7$　　(B) $y=3x-3$　　(C) $y=\frac{1}{3}x+\frac{19}{3}$　　(D) $y=\frac{1}{3}x+\frac{7}{3}$

6. 设 $f(x)$ 在点 $x=a$ 处可导，则 $\lim\limits_{h\to 0}\frac{f(a+h)-f(a-2h)}{h}=$ (　　).

(A) $3f'(a)$　　(B) $2f'(a)$　　(C) $f'(a)$　　(D) $\frac{1}{3}f'(a)$

7. 设 $f(x)=\begin{cases}\dfrac{\sin x+\mathrm{e}^{2ax}-1}{x}, & x\neq 0\\ a, & x=0\end{cases}$ 在点 $x=0$ 处连续，则 $a=$(　　).

(A) 1　　(B) 0　　(C) e　　(D) −1

8. 设 y_1,y_2,y_3 都是微分方程 $y''+p(x)y'+q(x)y=f(x)$ 的解，且 $\dfrac{y_1-y_3}{y_2-y_3}\neq$ 常数，则该微分方程的通解为(　　).

(A) $y=C_1y_1+C_2y_2+(1-C_1-C_2)y_3$　　(B) $y=C_1y_1+C_2y_2-(C_1+C_2)y_3$

(C) $y=C_1y_1+C_2y_2-(1-C_1-C_2)y_3$　　(D) $y=C_1y_1+C_2y_2+y_3$

9. 设 $f(x)$ 在点 $x=0$ 的某个邻域内可导，且 $\lim\limits_{x\to 0}\dfrac{f(x)}{1-\cos x}=2$，则点 $x=0$ (　　).

(A) 是 $f(x)$ 的极小值点　　(B) 是 $f(x)$ 的极大值点

(C) 不是 $f(x)$ 的极值点　　(D) 是 $f(x)$ 的驻点，但不是极值点

10. 设 $f(x)$ 在 $(-\infty,+\infty)$ 内连续且可导，如果 $f(x)=x+x^2\int_0^1 f(t)\mathrm{d}t$，那么 $f'(x)=$(　　).

(A) $1+\dfrac{3}{2}x$　　(B) $x+\dfrac{3}{2}x^2$　　(C) $x+\dfrac{3}{4}x^2$　　(D) $\dfrac{x^2}{2}+\dfrac{x^3}{4}$

二、填空题(本大题共 5 小题，每小题 2 分，共 10 分)

1. $\lim\limits_{x\to 1}\dfrac{\sin(x^2-1)}{x-1}=$__________.

2. 微分方程 $y'x=y\ln y$ 满足初始条件 $y|_{x=1}=\mathrm{e}$ 的特解为__________.

3. 设函数 $y=\int_0^{\sqrt{x}}\cos(t^2+1)\mathrm{d}t$，则微分 $\mathrm{d}y=$__________.

4. $\int_{-1}^{1}\dfrac{2+\sin x}{1+x^2}\mathrm{d}x=$__________.

5. 由曲线 $y=x^2$，直线 $x=1$ 及 x 轴所围成平面图形绕 x 轴旋转一周所得旋转体的体积 $V=$__________.

三、计算题(本大题共 3 小题，每小题 10 分，共 30 分)

1. 设 $y=f(x)$ 是由方程 $\mathrm{e}^{x+y}=xy+\mathrm{e}$ 所确定的隐函数，求 $\dfrac{\mathrm{d}y}{\mathrm{d}x}$.

2. 求 $\lim\limits_{x\to+\infty}\dfrac{\pi-2\arctan x}{\ln\left(1+\dfrac{1}{x}\right)}$.

3. 求函数 $f(x)=x-3x^{\frac{1}{3}}$ 的单调区间、极值点、凹凸区间以及函数曲线上的拐点.

四、计算下列积分(本大题共 3 小题, 每小题 10 分, 共 30 分)

1. 求不定积分 $\int\left(\dfrac{1}{\sqrt{x}}+x^2-\csc x\cdot\cot x+\mathrm{e}^x+\dfrac{1}{\sqrt{1-x^2}}+1\right)\mathrm{d}x$.

2. 求不定积分$\int \frac{1}{x^3 - 1} \mathrm{d}x$.

3. 求定积分$\int_0^1 \mathrm{e}^{\sqrt{x}} \mathrm{d}x$.

五、证明题(本大题共 2 小题, 每小题 5 分, 共 10 分)

1. 当$x > 0$时, $(1+x)\ln(1+x) > \arctan x$.

2. 设函数$f(x)$与$g(x)$在$[a,b]$上连续. 证明至少存在一点$\xi \in (a,b)$, 使得

$$f(\xi)\int_\xi^b g(x)\mathrm{d}x = g(\xi)\int_a^\xi f(x)\mathrm{d}x.$$